U0134990

百年企業

STRATEGIC TURNING POINTS

策略轉折點

✴活下去的10個關鍵✴

向全球百年企業學習永續長青

蔡鴻青——著

目次

推薦序—借西方之術，成就東方之道

許士軍（逢甲大學人言講座教授、中華企業倫理教育促進會理事長）

從本書作者蔡鴻青博士的經歷看來，他是一位銀行家，而且是一位傑出的金融界人士，多年來服務於國際知名的外資銀行，並擔任台灣地區的負責人。然而，以我和他近十年來的交往，發現在他心中，除了在他所投身的專業外，另有一個夢想或願望，就是孜孜不倦地想探究華人企業生存和發展的根源，尤其是華人家族企業的DNA，如何隨著對外界環境和社會結構的演變，尤其是今後將會發生哪些蛻變？

本書《百年企業策略轉折點——活下去的十個關鍵》，可以說，就是他這些年來為實現他的夢想，投下大量心力和時間所獲得的一個結晶。當我們考慮到他本業上的繁重責任和壓力，居然還能分出心來耕耘出這種成果，更是難能可貴，令人欽佩。

儘管本書作者所關心的，在於華人企業的生存和發展，但是本書中所探究的，卻是發源於非華人世界不同國家的百年企業個案。這些企業，有源自德國的愛迪達和ＢＭＷ，有源自瑞士的雀巢，源自法國的ＬＶＭＨ，以及源自荷蘭的飛利浦。其中最多的，還是源自美國的華納媒體、７－ELEVEN、寶僑、杜邦、ＩＢＭ。它們都不是華人企業，因為在世界上還不曾出現有類似規模的百年華人企業。有關這方面的出入，文後將會論及。

像這樣以個案方式研究企業經營之盛衰，不禁使人聯想起兩本流傳極廣且影響深遠的著作：一是一九八二年由湯姆．彼得斯（Tom Peters）和華特曼（Robert H. Waterman）合著的《追求卓越》（*In Search of Excellence*）；二是一九九四年由兩位作者柯林斯（Jim Collins）和波拉斯（Jerry I. Porras）合著的《基業長青》（*Build to Last*）。

說到這兩本書，它們不僅對於美國，甚至世界上，有關企業經營的思維，產生革命性的影響，並且開創了企業個案研究之典範。尤其令人感到特別的是，在《基業長青》書名中，強調它所探討的，屬於「百年企業的成功習性」，和本書所標示的「向百年企業學習永續長青」，均以「百年企業」為主要研究對象，可說意旨相同，相互呼應。

有人會認為，採取個案研究，而非橫斷面（cross-sectional）的統計研究，不是科學的研究方法；譬如對於個案的選擇，一般十分主觀，就未符合一般量化研究對於「代表性」和「隨機性」的要求，因此所獲結果難以普遍應用。

其實，這是受到傳統自然科學研究的影響，認為科學研究之目的乃追求普遍性之規律。然而，實際上，企業經營不同於自然現象，其背後支配因素，錯綜複雜，難以就現象層次找到如自然現象背後的普遍規律。每一家經營長久的企業，歷經風霜，起起伏伏，加上往往經過多樣型態的併購與重組，都有本身的產業、投資、技術與文化上的獨特性，尤其其中還涉及家族脈系和傳承問題，更增加其複雜性。在這情況下，除非採取個案研究，是不可能深入透徹瞭解其中轉折過程與人性幽奧，此等特質一經統計量化歸納，均將流失殆盡。因而只能經由個案研究，可由研究者針對個別案例，做為分析之內容，並特別納入個案之時空背景進行「詮釋」和「悟解」，才能夠把握其間更深入透徹的微妙關係。

個案研究的最大優點，在於能夠保持一家企業的完整性和獨特性。雖然其研究結果未必能普遍應用，但它們卻都更能符合科學精神上對於「真實」（reality）之「攸關性」（relevancy）的要求。這也說明了，為何近年來有關社會現象之研究中，所謂「質性研究」或「扎根理論」（grounded theory）日漸受到重視的理由。

從詮釋觀點，本書認為，企業能否永續經營，極大程度取決於經營者在面臨內外各種變化之衝擊下，在所謂「策略轉折點」時所採之因應或改變，是否得當而定。在這關鍵時刻上，本書以董事會做為「決策場景」下之主角，並提出「價值生態圈」的說法，分析其決策之脈絡和過程。其中，包括自「掌握核心現金引擎」到「妥善處理重大危機」之各種做法，從中提出十個學習點，並針對每一學習點，歸納出常見做法以及參考案例，鞭辟入裡，井然有序，可謂本書之精華。對於企業經營之有心者言，這些發現，應有極寶貴之參考和指引價值。

回到本文開頭所述，本書作者真正關切者，乃在於華人企業。然而，本書十大案例之研究，都不是華人企業，豈非牛頭馬嘴。針對這一點，作者在書中已表明用意，乃以「借西方之術，成就東方之道」。問題在於，西方之術究竟有多少程度可成就東方之道？就研究方法而言，這一問題涉及所要應用之狀況，與原本研究對象之狀況，二者間在情境（context）上是否「相配」（fitting）的程度。自此而言，讀者必須將每一個案的「情境」納入考慮範圍之內，從而選擇特定個案之情境做為借鏡時之依據。

譬如在本書中，作者綜觀各種案例，歸納出諸如「以終為始，抓大放小和宏觀思考」之類原則，就有跨文化或產業之普遍應用價值。

同樣地，作者在書中從歷史發展階段，歸納出百年家族企業之發展趨勢——先從「創業家」接軌到「家族經營模式」，再從「家族經營模式」轉向到「共體經營模式」，最終到達公眾股東之「專業經營模式」。他並以此做為典範，提出「台灣企業離百年有多遠？」的問題，供人們探究華人企業今後發展之準繩。

依此觀點，預測華人企業之發展，似乎屬於家族文化之種種因素，今後對於企業經營者之影響將會淡化，家族成員也將退居股東之地位。這一論調，如果我們換一個觀點，從世界走向數位化和多元化的趨勢看來，恐怕也會獲得和本書同樣的論斷。

推薦序—世界級百年企業的經驗

司徒達賢（政治大學名譽講座教授）

結合理論與實務的重要方式之一是踏實而細緻的研究。經由研究，理論與實務之間可以互相驗證，而研究的成果又可以活化、深化與豐富化學理的內涵。

在商管領域，量化研究的成果遠多於質性研究。量化研究的優點是研究結論似乎可以更容易形成放諸四海的原則，而質性研究的優點則是可以發現管理行為、組織運作與決策過程的細節，以及許多因素之間的因果關係，並進而發現量化研究或現有學理所未能關注到的重要層面。蔡鴻青博士的大作《百年企業策略轉折點——活下去的十個關鍵》是一項質性研究的成果，而且在質性研究中又屬於較少見的「企業史（business history）」研究。

在我們試圖深化策略思維的過程中，企業史研究有其獨特的價值。因為大家都知道策略方向必須與外界環境相呼應，而且對環境變化要能洞燭機先。然而，學術文章、教科書，乃至於教學用的個案，很少有篇幅深入而廣泛的討論與企業經營有關的政經情勢、科技發展、社會文化、法律環境等對不同時代經營環境與「遊戲規則」的形塑。而它們的演進過程與彼此間複雜的因果關係，以及對定位不同企業生存空間與興衰起伏的影響，也唯有從大量的企業史研究中，才能讓我們產生這方面的體會。讀者們仔細閱讀，一定可以發現本書在此方面對大家的啟發。這是這本「企業史研究」為讀者提供的最基本貢獻。

除了作者所歸納出來的十項關鍵發現與學習點之外，本書還有許多大家可以參考的觀點。

其中之一是，這些成功的大企業都是從家族企業開始的。然而，百年以來，無論是被動或主動，「去家族化」似乎是不得不採取的做法。從這些大企業過去成敗經驗中，如何歸納出「去家族化」的時機與步驟，值得進一步分析。

其中之二是，西方管理學教科書比較強調理性與制度化的管理。讓我們許多中小企業感覺與西方企業似乎身處完全不同的世界。然而，從這些現在已是世界級大企業的發展歷程中可以知道，他們過去也曾存在著家族、裙帶、接班能力與意願，甚至為私利而兄弟鬩牆的現象。從他們過去成敗交織的經驗，可以學習到「為何」以及「如何」走向現代化，這或許比「大型企業現代化管理方法」，更有不同的學習效果。

其中之三是，目前企業在策略上所關心的仍以單一事業的「策略形貌變化及執行」為主，例如產品廣度及特色的設計，目標市場的選擇，乃至於事業單位的競爭優勢等層次的問題，而這些世界級大企業所關心的策略議題，除了全球化之外，已著重於集團的重組與切割、企業間的併購（包括惡意併購在內）、股市的運作、與大型金融集團間的利益交換及結合等。如果將來我們的企業發展到他們的階段，可能所關心的「策略議題」也會隨之改變。但同時也可以藉此讓我們思考一下，「去家族化」要到什麼程度才會對社會和大眾投資人產生最佳的效益。

蔡鴻青博士十年前創立了台灣董事學會，讓企業家和學術界有機會在公司治理、家族治理與永續經營等方面獲得交流與成長的機會，貢獻很大，現在又將其多年研究的成果與大家分享，實在令人敬佩。

推薦序—百年企業的祕密

湯明哲（麻省理工學院策略博士、曾任台大副校長）

我認識鴻青超過十年，看到他努力於家族企業的傳承和轉型。他根據多年的研究和觀察，完成了這本書。我很高興替他寫序。

有道是：人生七十古來稀，公司也是如此，百年企業是少之又少，大型的百年企業更少，原因也不難理解，一百年間，公司面對環境的變化不知有多少，有戰爭、政治環境的變化、科技環境的變化、消費者口味的變化、需求的變化、競爭環境的變化、公司高階經理人的更迭等等，面對這些變化，公司要變還是不變？競爭是很殘酷的，一百年間，只要有一屆的董事會或經營階層做一個錯誤的決定，公司就萬劫不復，通常會成為併購的對象。能夠存活百年的企業很少，因此可以從這些百年企業中學到管理的精華。本書介紹十個百年企業的變革，作者也歸納出這些企業能夠活到百年的十個教訓。

我個人看完這十家百年企業也很有感想。第一，這些企業一開始都是家族企業，但到了第二代或第三代，經營方向的歧見開始出現，股權又分散到家族子女，提供了外人可乘之機，能夠撐過百年，又是由創始家族經營的大型企業屬於鳳毛麟角，因此家族企業的傳承是重要的課題。德國的默克（Merck）由原來家族經營了兩百六十年，成為市值一兆五千億台幣的公司，可以說是奇蹟，值得大家學習。

第二，每個企業在百年中都面臨經營環境的劇烈變化，通常都是基於原有的核心競爭力，發展相關多角化的企業，在面臨企業環境變化時，就算犯錯，也是影響部分的企業，不會馬上滅亡，所以企業要長命百歲，還是要多角化，而且多角化後，要成長還是要靠產業組合（Portfolio）的改變。併購和資產重組都是必經之路；但是，併購錯誤的結果，通常是成為被併購的對象。

第三，企業長青一定要建立培養接班人的制度，要找對的ＣＥＯ，一定要有對的董事會。台灣的企業在這一點比較弱，應該向這些長青企業學習。

一個個案可以告訴你一千個故事（A case tells you a thousand stories），本書有十個跨過百年的個案，作者歸納出的十點結論值得大家細細咀嚼，琢磨如何應用到自己的企業。

推薦序—以王道精神追求永續長青

施振榮（宏碁集團創辦人、智榮基金會董事長）

企業的存在是因應社會的需要而成立，透過企業來滿足社會的需求，經營企業就是利用社會的有限資源來創造價值，同時創造適當的盈餘，讓企業能永續發展。企業追求永續發展是目標，但不能只以賺錢為目的，創業或經營企業都要有使命感，才能讓企業朝目標不斷努力。

根據統計，台灣的企業平均壽命約七年，大陸企業平均壽命則約三年，這主要是一般企業成立只以賺錢為目的，缺乏願景與使命感，加上創造價值的能力不足，一旦經營過程中面臨挑戰，尤其外界環境變化大，新科技不斷出現，當企業在發展的轉折點，如果沒有做出對的決策，未能在適當時機轉型升級，很快就會被淘汰。

因此，企業很重要的就是要以「王道」精神來經營企業，有使命感，才能追求永續。所謂的「王道」，是大大小小組織的領導人之道，「創造價值、利益平衡、永續經營」是王道的三大核心信念，企業只有從王道思維出發，透過不斷創造價值，且兼顧所有利害相關者的利益平衡，方能達到永續經營的目標。

尤其從王道思維來看，企業所創造的價值也要從「六面向」來看待事物的總價值，在「有形、直接、現在」的顯性價值外，更要重視「無形、間接、未來」的隱性價值。也唯有透過不斷創新創造價值，持續建構一個能共創價值且利益平衡的機制，才能達到永續經營的目標，讓企業長青。

此外，企業追求長青經營過程會面對許多挑戰，包括傳承課題、轉型課題、不斷創新的課題，這些都是企業能否永續的重要關鍵，處理得好才能迎接下個階段的新挑戰。尤其近來ＥＳＧ（環境、社會責任、公司治理）日益受到大家的重視，企業做好ＥＳＧ更能有助於永續經營。

本書作者分析了許多百年企業的「策略轉折點」，藉由傳承，找到能勝任的繼承者是永續的重要關鍵，作者在書中也談到十項修練：包括「掌握核心現金引擎」、「審時度勢轉型優化」、「穩健高效的董事會治理」、「重視長期股東價值」、「抓住契機進行重大交易」、「保持活力持續成長」、「打造永續品牌價值」、「穩健的機構化運作」、「卓越的企業家精神」、「妥善處理重大危機」，十分值得大家參考。

目前台灣企業已陸續由第二代或第三代接班，當年戰後嬰兒潮創業者已陸續退休，交棒傳承給下一棒，不論是家族的下一代或是專業經理人，在企業面臨接班傳承挑戰的關鍵時刻，本書是很好的參考資料，在此推薦給各位讀者，相信定能從中汲取經驗。

推薦序──瞭解關鍵，迎向未來

徐旭東（遠東集團董事長）

不少華人企業已經進展到全球化的規模，面對瞬息萬變的國際情勢，必須與時俱進，快速應變，轉型再造，才能持續開創新局。

《百年企業策略轉折點──活下去的十個關鍵》這本書中，收錄剖析了十大知名國際百年企業成功發展茁壯的過程，以及這些企業為何能夠基業長青的背景與原因，正好提供台灣具有歷史的大型企業集團省思，集團的第二代接班人如何延續「創辦人」的創業精神、專業技能、企業文化、智慧判斷、認真投入，並且加以發揚光大，獲得長足的進步與持續的成長。然而，到了第三代甚至第四代以後的接班人，面對國際化（Internationalization）的嚴峻挑戰，就更需要清楚認知如何才能維持基業長青。

書中收錄的十大世界級百年企業個案，有些也曾面臨上述問題，透過蔡鴻青博士多年來抽絲剝繭的研究成果，分析了他們成功的ＤＮＡ，絕對有助於本地企業尋找轉型策略與解決方案。對於希望帶領員工們繼續打拚，邁向下一個七十年盛世的遠東集團而言，研讀這本歷經七年鑽研、見解精闢的精華集結，確實能夠從中汲取寶貴的經驗與參考，為此，也推薦給正在努力贏向未來的廣大讀者。

推薦序—旁徵博引，百年洪流中細細品嘗

張安平（台灣水泥董事長）

永續經營已經是管理學上的流行用語，也是企業共同追求的極致目標，百年企業正是永續的開始。

回顧人類歷史，由神權到君權，由君權而至商權興起。正常而蓬勃的商業活動提供了現在社會穩定及發展的基礎，未來企業成功的重要性實不亞於國家的政治穩定。

鴻青兄在本書中標舉出百年企業的策略轉折點是一個非常重要的研究題目。他指出亞洲社會，包括華人社會，都沒有所謂的百年企業。華人的企業結構多始於家族商業行為，而西方現代企業的形態到二十世紀才真正開始進入中國。而一九四九年台灣工商業開始大幅度的創辦，到現在剛好進入第三次世代交替的企業期，從傳承的觀點來看，這是很好也必須學習的一課。而且，到現在為止，台灣及中國大陸似乎還沒有看到很成功傳承的例子。

本書分成三大部分：

1.為何研究百年企業與其策略轉折點？

2.歸納出十個關鍵因素成為學習重點，而這些因素都出現在幾乎所有企業轉折的過程中。

3.作者主要用縱軸分析法，選擇十個百年企業的個案加以觀察，它們雖屬於不同產業，但仍然可以窺出其脈絡。

事實上，前面兩個章節，是鴻青兄整理好的十個個案的導讀，讓大家在看個案分析時，可以更駕輕就熟。

書中也將能延續百年的企業發展分成三個階段：

1.小型優質企業

2.中型標竿卓越企業

3.大型卓越企業

一個百年企業，從股權結構到管理制度，也分成三個階段。從創辦者開始傳統的家族股權集中制，到家族與專業共治的年代，再到專業治理。從中間的過程可以看出，股東利益其實只是低位階的標準。主要仍端看企業能否看清未來趨勢，調整發展核心，兼顧公眾利益，並主動且有意識地承擔起社會責任（ESG）等等。

從選出的個案可以看出，它們都歷經兩次世界大戰，挺過多次經濟危機，其中包括石油危機、金融危機、金融海嘯和歐債危機等等。而這十個學習點，又可細分成四大項，首先列舉出這些企業的特徵，接著確定學習點，再從其中找出做法，最後從做法中選取參考個案，合併起來就是對個案一篇很好的導讀。作者努力從不同企業的不同策略轉折點，想找出其發展脈絡的規範提供讀者參考，但事實上，每一個個案面對的問題和解決的方案都不盡相同。

最後一部分是十個個案，其中除了Adidas只有七十年，其餘都有百年基業，從消費品、重工業、高科技到時尚精品業，不一而足。它們多數都是耳熟能詳的企業，但是作者很有系統及清楚地整理出它們各自主要的重點，其中有故事，有衝突，有妥協，有整合，有親情，也有無情，包括各種人生商業百態，非常精采。

舉WarnerMedia為例，可以看出一百多年來媒體產業巨幅變動的歷史。公司在經過幾次災難性的大幅度轉型後，留下媒體產業發展清晰的軌跡及未來產業的方向。

再看奢華品牌ＬＶＭＨ，很有意思的是，這個個案其實跟奢侈品毫無關係，反而是在個案的主體上，幾乎跟所有熟知的Ｍ＆Ａ策略及戰術，包含突襲、顛覆、敵意併購及財務槓桿，無一不被發揮得淋漓盡致，手段之凶狠及規格，堪稱一流，也讓它旗下的品牌如今在全世界穩居業界領袖。

從這些不同的個案中，鴻青兄也旁徵博引，在每一個個案中提到同一領域一些其他公司的發展，它們都很有知名度，各自規模也不小，讀者如果有興趣，不妨自行作延伸閱讀。

還有一個書中沒提到的例子，給讀者做參考，其實是世界現存最早的企業，就是日本的「株式會社金剛組」，這個充滿傳奇性的「千年老鋪」，專門建造以及保養佛寺廟宇建築。它創始於西元五七八年，也就是中國的南北朝時代。它標榜的是工匠精神和誠信，第三十二代領袖金剛喜定在遺言中留下家訓，成為公司的信條，被一以貫之地遵守，概可分為四：

1. 須敬神佛祖先
2. 須節制專注本業
3. 須待人坦誠謙和
4. 須表裡如一

有趣的是，除了尊敬神佛祖先這一條以外，在所有書中個案當中多多少少都可以發現這些價值，也是每一個企業都應該學習的。

一百年是一段時間長流，如鴻青兄所指出，沒有企業可以一帆風順，一蹴可幾。除了企業自身的問題，要靠遵循規範、制變、應變，市場中最不缺乏的就是競爭對手，更別說是盤旋天際環伺的禿鷹。成就百年的企業帝國，鴻青兄為我們整理出一個個案例，都足供我們細細咀嚼和品味。未來的企業肯定會面臨更嚴苛的挑戰和更多的變動。華人社會的台灣和中國大陸在二十二世紀會留下哪些企業？就端看企業主或專業經理人心中最終的價值是什麼。

推薦序—在公司長期經營過程中植入百年企業基因

劉克振（研華科技董事長）

自一九八三年與創業夥伴共同創立研華科技，至今專心努力經營三十六年，目前全球員工已有八千多人。然而，年齡已達傳承階段，近年也經常探索思考如何讓企業能永續發展，為員工、客戶及社會留下一個長青且利他的有機組織。此時研讀好友蔡鴻青先生寫的這本書，確實正是時候，而且獲益良多。

研讀本書中十個百年企業個案，發覺這些長青企業均是歷經創業、發展、產業隨環境創新變革、家族傳承、上市公眾化、去家族走向專業經理人化、併購等磨難考驗仍維持永續。經歷重重考驗而達百年長青，除了有其各自的福報因緣之外，相信必是創辦人及歷代經營領導人在長期經營過程中植入了百年長青的基因。

向這些個案學習，我認為自己經營的企業應該用心植入下列「長青基因」，以有助於未來的接班人能朝向永續長青的方向發展，持續造福客戶、員工、股東、社會：

一、深耕品牌價值

企業品牌代表對核心產業長期深耕模式，也是對顧客及社會的長期承諾。品牌在長期可形成一種可以傳承、吸引參與者的信仰，並將為企業長青建立深厚的護城河，抵禦環境變化及領導更替可能之衝擊，甚至基於品牌價值促成企業之再造、重生。

二、樹立董事會運作及領導傳承模式

書中的十個案例，幾乎都在百年過程中由創辦人及家族過渡到專業經理人領導機制。如何經由董事會的健全運作引導傳承接班，能夠培養選出倫理、賢能兼具的傳承者，是長青的最大關鍵。另外，創辦人持股傳承機制也是重要的基因植入要素，以我的個案實例，已大致定調是藉家族控股及基金會，加上家族憲章方式，採取持股不分家模式，使後代在「利他」理念下參與企業治理及集團多元發展。

三、深化利他、創新之理念文化

只有維持利他理念，並面對環境變化而不斷創新，才有可能百年長青。因此，利他及創新文化之植入基因十分重要。但如何對抗組織老化，內部化之生命週期因素，而達到「不忘初心」。看來這方面是沒有特效藥，只能在基因及福報累積上用心盡力。

在歷史的長河中，企業的永續原本就面對環境變化之考驗及生命體興衰生滅之循環。因此，能夠達到百年長青之企業少之又少。此時我們能做的，也許就是不忘初心、植入基因、勤修福報。

作者序—亙古追求永續長青，如何跨越百年三代？

——我為什麼研究百年企業

我自認是一個跨域雜學且慢覺魯鈍之人，往往很多事情是經歷之後才知脈絡原委，常恨千金難買早知道。

二〇一二年發起成立台灣董事學會，是我人生一個奇妙的轉折。原本，創辦這個學會只是我個人的興趣與好奇，希望能夠研究西方百年企業的歷史，透過這個組織來協助解決友人企業家傳承接班的痛點。沒想到，這些年來我竟然愛上了寫作，平均每三個月出版一次的企業個案，讓我一步步走進更多歷史文獻的美好世界，我書寫的文字也因此持續不斷增加。八年後的今天，所累積這些來自不同國家、不同產業的百年企業個案，成了本書的起點。

出版這本書，對我而言是個高難度的挑戰。書中講述的真實企業故事，時間橫跨逾百年，其中曲折離奇的劇情發展，遠勝於虛構小說。這是我生平的第一本書，本職工作非常忙碌，花了幾年的時間思考、整理與修改，才終於決心出版。

為何灰飛煙滅？如何基業長青？

人類是地球上極少數可以全球合作，改變生存環境樣貌的物種。而人類的合作行為之中，大部分都是奠基在「企業」這個近代經濟組織型態。換個方式說：企業微觀經濟，是現代宏觀市場經濟的發展核心。「企業」的創造與經營，是經濟利益得以延續、得以超越地理疆界、超越國家主權、超越社會種族、超越歷史年代的重要關鍵。

然而，在歷史長河中，成立過的企業多如過江之鯽。無論哪個國家都一樣，絕大多數企業在短短數年之內就會灰飛煙滅，只有少數企業能夠存活較長時間。而這些存活的企業之中，只有極少數可以經歷百年不墜，成了名副其實的長青企業。這些企業的經營者、董事會，究竟是如何辦到的？

這些百年企業如何在不同階段的困境中，成功地華麗轉身之後，順利地活下來？如何在激烈的商場競爭中持續壯大，而不是如絕大多數企業那樣漸漸走向衰敗？這些百年企業幾乎都是枝葉遍布全球的龐大組織，又是怎麼做到讓「大象跳舞」？經營者如何一棒接一棒地順應時勢、調整步伐並存活至今？

另外，身在亞洲，為什麼占全球六分之一人口的華人，只有百年「老店」，不見百年「企業」？難道華人真的有「富不過三代」的魔咒？

這些問題，多年來在我的工作歷程中、在我與企業互動時，不斷浮現在腦海中。也因此，我走上了研究百年企業之路。

研習經營心法，翻轉存活契機

這是一趟充滿趣味的旅程。一開始，這項研究計畫僅出自工作之餘的個人興趣驅動，但當我閱讀了更多的研究，也引發更多好奇心，更想知道全球知名的百年企業、百年家族，曾經遭遇什麼樣的風雨，用了哪些方法度過難關。研究過程中的抽絲剝繭，讓我更清楚全球企業發展史的一頁頁滄桑。

研究這些百年企業的目的，不在歌功頌德，一家經營超過百年的企業，不見得就是經營的最佳典範，更何況過去的成功經驗，未必適用未來。

我探索百年企業的目的，是希望研究眾多百年企業個案後，試圖歸納企業成功或失敗的發展經驗，找出過去這些企業所面臨的重要決策場景，透過這些企業董事會利害關係人的思考框架，讓今天的企業經營者、董事會成員可以模擬思考：當面臨策略轉折點時，該如何決策？我相信這些成功的經驗與失敗的教訓，才是最具學習價值的珍貴資產。

看了這些百年企業的發展歷程，相信你也會與我一樣，明白一個重要事實：儘管時代在改變、科技在進步，所有企業在經營上都會走過相似的階段、遇到類似的問題、經歷相似的轉折挑戰。如果創業家、經營者能借鑑歷史，知道在什麼階段、會遇上什麼問題、得克服什麼轉折，或許就能避免重蹈前人犯過的錯誤，讓企業度過一次又一次的關鍵成長與存活契機。

在亞洲，華人企業運用「股份有限公司」制度的經濟發展，已逐漸成熟。接下來應該思考的是：如何永續發展，越過百年門檻。

找出答案的最簡單方法，自然是研究探索現今存在超過百年的上市跨國企業，學習它們百年長青的經營心法。

迅速掌握重點，如何使用本書

為了讓忙碌的創業家、企業經營者能更快速地閱讀與掌握重點，我嘗試以有別於傳統商業書的架構來寫作。

本書主要分成四大單元——

第一部〈百年企業的樣貌〉

在這個單元裡，我會先說明研究「百年企業」這個主題的背景、因緣，以及我使用的研究方法與分析框架。其次，我將以全球五大指數為樣本，介紹這五大市場中的百年企業，以及這些百年企業的共同特徵。

如果你有足夠的閱讀時間，也想認識百年企業的特徵、經歷過哪些轉折點，並與你目前商務實務結合，建議由第一部從頭開始讀起，瞭解背景因緣。

第二部〈關鍵發現．百年企業的十項修練〉

這個單元裡，我簡明扼要地總結研究眾多百年企業後的個人觀點——這裡歸納為「十項修練」。每一項修練中，我分別提出學習點、常見做法與參照案例，供讀者揣摩、討論與學習。

如果你實在太忙，想快速掌握這十個關乎企業存亡的關鍵轉折點，以及你可以思考的方向，建議你直接閱讀第二部。

第三部〈探索十大百年經典個案〉

在這個單元裡，我將深入探索全球知名的十家百年企業，所面臨的一次又一次、關乎存亡的挑戰。

這十家企業分別來自不同的行業。每一家企業都有三個故事點，分別說明企業的三個關鍵策略轉折點，每個轉折點發展時間長短不一。雖然三個故事點有前因後果發展順序，但你也可依照個人興趣挑選其中一個故事點獨立閱讀。

對於想把握閒暇時間慢慢閱讀的讀者，建議可以挑選第三部中，你較感興趣或者較熟悉的個案直接閱讀，再回頭閱讀第一部及第二部，前後對照，會比較有感覺及想法。

第四部〈台灣企業離百年有多遠？〉

我試圖以前述的十項修練，一一檢視台灣企業現有的經營思維與未來將面臨的挑戰。

關鍵轉折年，未來如何布局？

我必須聲明本書的兩大限制。首先，這本書不能算是嚴謹的學術研究，主要是輯錄我這些年來的閱讀與資料整理心得。大部分內容取材自多年來的新聞報導，以及相關企業所提供的公開資料。諸多決策過程中的當事人早已不在人世，難以求證，比較多的是我在檢視這些客觀資料後的個人主觀判斷，若有失之偏頗之處，懇請包涵並予以指正。

其次，我的研究只側重在國際大型企業。國際大企業的策略轉折點與中小型企業不盡相同，或許此書在應用層面也有其局限性。不過，換個角度想，只顧眼前利益、忽視長期發展的企業家，可能不會對這本書有太大興趣吧！

不可否認，過去以中小企業立國的台灣經濟，此刻已經走到了重要的轉折點。如果從未來回望二〇二〇年，我們可能會發現，這是一個重大的策略轉折年。因為我們看到了各種數據的發展，到二〇二〇年都走到了拐點。接下來，經營這條路該怎麼走呢？

本書內容純粹代表我個人的研究喜好及觀點，單純敘述與呈現研究成果，不涉及商業利益。若有任何疏漏、錯誤之處，敬請讀者海涵與指正。

第 1 部 百年企業的樣貌

百年企業，是人類對於「股份有限公司」這個型態發展迄今的最高級版本。

從十五世紀大航海時代崛起的「股份有限公司」制度，已是現今市場經濟的發展核心，這個制度透過資本市場得以放大繁衍，成為全球化的基礎，也是人類文明發展的一個重要機制。

除了西方企業之外，現今華人企業運用股份有限公司制度的經濟發展已到了非常成熟的階段，許多華人經營的企業有非常可觀的規模與成就。接下來，應該思考的重點策略，是如何永續發展，甚至挑戰百年門檻。

問題是：要怎麼做？我們都知道，經營事業、帶領團隊是難度極高的任務，多少企業光是追逐日常的業績、因應各種環境與科技變化，就已經精疲力竭，哪還有多餘的心力，進行更長期的布局？何況，今天的你可能仍是新創企業、中小企業，正在力爭上游，就算你身處規模不小的大型集團，同樣覺得未來充滿變數，在這種情況下，真有可能朝著百年企業的目標邁進嗎？

當然可以，而找出答案最直接的方法，就是向這些經歷長達百年時間淬鍊的企業學習。

經營企業，不只是在做生意

我研究百年企業的目的，不是要對這些企業歌功頌德、錦上添花。原因很簡單，這些百年企業雖然歷史悠久，卻不等於就是經營的最佳典範，更不表示每一家企業都是可被學習的對象。何況，過去的經驗，未必適用未來。

我的研究目的，是希望從眾多百年企業個案中，歸納出成功與失敗的經驗，同時希望帶領讀者回到過去重要的決策場景，與當時的決策者一起思考：

面臨策略轉折點時，該如何決策？

無論你是新創企業、中小企業或大型企業，無論你的職務是股東、經營團隊、董事會成員，希望這本書能對你有具體的幫助。因為對經營者而言，「經營企業」並不單純地等於商人「做生意」，有願景的企業家不會只關心個人財富及經濟成就，他們同樣重視自己肩負的社會責任，以及自己與家族未來的歷史定位。

由於華人社會的集體主義及文化上的家長獨裁制，與西方的民主共議制及個人主義相衝突，讓華人企業在追求百年永續長青的這個課題上，挑戰度更高。研究百年企業對於華人企業家來說，更可借西方之術，成就華人之道，做為現代企業經營之他山之石。

風起雲湧一百年，見證富過三代

本書所指的「百年企業」，並不限於何種特定產業，也無特別限定創立於哪個年代，更不論規模大小，而是泛稱那些「創立超過一百年」的企業。

我之所以用「一百年」為挑選企業的門檻，除了因為「百年企業」四個字讓人容易琅琅上口，一提起就印象深刻之外，還有幾個原因。

第一，一百年來，全球政治、經濟與科技都發生翻天覆地的巨大變化，包括兩次世界大戰、多次經濟、金融風暴與公衛危機等等。百年企業共同經歷過相同的重大事件存活迄今，意義格外重大。

第二，若以一代經營者能活躍於商場三十年推算，任何一家百年企業都會經歷超過三個經營世代，換言之，都經歷過「富不過三代」的挑戰，成功傳承的經驗誠然寶貴。

第三，就研究方法而言，過去百年來的企業，應該也是人類史上現今可以找到公開資料的最完整群體。我發現，百年以前的許多資料已不復可得，但西方國家過去百年的資料保存得相對完整，也因此提供了具體可信的素材。

第四，最重要的一點：第二次世界大戰以來，長達七十年的無戰經濟榮景，讓現代企業家開始有餘裕思考如何「永續發展，基業長青」。今天，許多企業相信只要用對方法，可以一棒一棒、一代一代傳遞下去。是否真是如此呢？

五大經濟體，一八九家叱咤百年老字號

我們知道，有些百年企業至今仍掌握在低調的百年家族手中，並未公開發行股票，也不對外透露實際的財務資訊。因此，為了取得較可信的分析資料，本書以主要經濟體上市櫃公司為研究樣本。

首先，讓我們來分析一下二〇一九年的全球五大指數——美國道瓊、德國法蘭克福DAX、英國富時、法國巴黎與日經指數。這五大指數基本上涵蓋了中國大陸以外，全球最重要的五大經濟體。

這五大指數中，共涵蓋四百二十五家指數企業（其中道瓊指數三十家、法蘭克福DAX指數三十家、英國富時指數一百家、法國巴黎證商公會指數四十家、日經指數二百二十五家）。我的統計發現，這四百二十五家大企業中，有高達一百八十九家歷史超過百年，約占五個指數的四四％。每一個指數中，都有四成以上的企業超過百年歷史。（參見附表）

全球 5 大指數中百年企業占比高

指數	總家數	百年企業家數	百年企業占比
美國道瓊	30	16	53%
德國法蘭克福	30	14	47%
英國富時	100	40	40%
法國巴黎證商公會	40	16	40%
日經指數	225	103	46%
合計	425	189	44%

各國百年企業呈現的樣貌不盡相同，各有千秋。讓我們分別看一看：

美國——科技業占比最高

- 美國道瓊指數（ＤＪＩ）三十家中，有十六家為百年企業，總市值約為三兆美元，約占指數市值三五％，占美國整體股市市值約八％，平均年齡約一百四十三年，平均規模最大約為一千八百九十一億美元，行業均勻分布，但是科技業占比是五者最高。

英國——金融地產多、平均最長壽

- 英國富時指數（FTSE 100）一百家中，有四十家為百年企業，總市值約為一．七兆美元，約占指數市值六一％，占英國整體股市市值約四五％，平均年齡約一百六十八年最為長壽，金融地產業占比最多。

法國——奢華品之國，當之無愧

- 法國巴黎指數（CAC 40）四十家中，有十六家為百年企業，總市值約為一兆美元，約占指數市值五一％，占法國整體股市市值約四〇％，平均年齡約一百六十一年，消費品及傳產業占比最多，奢侈品行業是一大特色。

日本——最年輕、規模最小

- 日本指數（Nikki 225）二百二十五家中，有一百零三家為百年企業，總市值約為一兆美元，約占指數市值三一%，占日本整體股市市值約〇．一六%，平均年齡約一百一十八年最為年輕，平均規模約為一百零六億美元最小。

德國——傳產與消費品，穩紮穩打

- 德國指數（DAX）三十家中，有十四家為百年企業，總市值約為六千億美元，約占指數市值的四六%，占德國整體股市市值約三七%，消費品及傳產業占比最多，平均年齡約一百五十五年。

如果，製作一個百年企業指數

總的來說，相較於全球總體上市上櫃企業的家數，百年企業數量雖然少，卻是國家經濟與資本市場的重要基石。以百年企業家數最少的德國法蘭克福指數而言，名列其中的十四家百年企業總市值，就高達六千億美元。

六千億美元有多驚人？我提供讀者一個相對的參考概念：台灣二〇一九年的國民生產總額GDP，大約就是六千億美元；也就是說，光是這十四家德國百年企業的市值，差不多就等於全台灣的經濟產值，百年企業的重要性不言而喻。

這些指數成分股中的百年企業，幾乎都是該領域的龍頭企業。如果以這一百八十九家百年企業組合成一個「百年指數」，依據二〇一九年底數據來看，其市值高達約七・五兆美元，占五大指數總額約四〇％。

從創業以來的經營數據來分析，這一百多家百年老企業當中，呈現幾個有意思的特徵：

1.從創業第一天起，就具備創新精神

- 與所有企業一樣，這些百年企業都是由創業家創立；但不同的是，這些百年企業在創立時期，幾乎都是屬於彼得・杜拉克所稱的「創新型」企業，以創新性產品或創新性服務起家。

2.美國市值最高，歐洲次之，日本規模較小

- 其中，以美國的百年企業規模最大，平均約在一千五百億美元市值；歐洲百年企業次之，平均市值約在五百億美元上下；日本百年企業規模較小，平均市值約在一百億美元左右。

3. 老企業是傳產、消費品與金融地產高手

- 這些百年企業中，有四四%為傳產業，市值約占百年指數四一%。有二九%為消費品產業，市值約占百年指數三一%。傳產與消費品產業合計占比超過一半。排名第三的是金融地產業，總家數約占總體一六%，市值約占百年指數一一%。

4. 豈止百年，平均年齡高達一百四十歲

- 雖然本書以「一百年」為研究的門檻，但實際研究後發現，許多企業的壽命遠遠超過一百年，在這個虛構的「百年指數」中，企業的平均年齡高達一百四十年。

想成為卓越企業，才有機會成為百年企業

或許有人會說，世界快速變遷，每間企業的考慮點不盡相同，沒有最佳實踐與標竿做法。何況，這些企業百年來早就人事皆非，企業是「鐵打的衙門，流水的官」，股東、董事會及管理層也一直輪替變化，此一時，彼一時，不能與今日的現代化企業經營環境相提並論。

然而，我認為百年企業最值得當代企業學習的特點，正是它們在過去百年來所經歷的各種成

功與失敗的經驗與教訓。

每一家百年企業都和所有企業一樣，都是從創業家創業開始，但這些創業家當中雖然鮮少是發明家，可是正如前面提到，他們開創的大多是該時期的科技創新及創新型企業，而且在創立之後，幾乎都是該時期的快速成長型企業。

整體來看，書中所涵蓋的百年企業在過去一百多年的發展，大約可歸納成三大發展階段：

第一階段

它們剛開始，是「小型優質企業階段」，經營在地市場。

第二階段

在快速成長期之後，它們成了「中型標竿企業階段」，經營區域市場。

第三階段

這些企業並沒有因成功攻占區域市場自滿，而是往「大型卓越企業階段」邁進，開始經營國際或全球市場。

幾乎所有企業，都是以成為卓越企業為目標，下定追求卓越的決心，最終順利歷經這三個階段之後，才能延續百年，成為百年企業。

挺過重重危機，逆轉勝十五個共通點

這條蛻變道路上，現有的百年企業毫無例外地參與了人類史上的重大變遷，並從中獲得規模極為龐大的商機。

百年指數的企業中，全都是在第一次世界大戰前就奠定基礎。接著，在第二次世界大戰後，受惠於嬰兒潮所帶來的龐大購買力。接下來這段期間，全球人口與消費成長，加上全球化發展帶動國際貿易、跨國企業直接投資、新興市場大爆發，讓這些企業受惠於這段人類歷史上為時最久的無戰爭文明及經濟發展。

除了遇上前述大商機之外，這些企業也經歷了史上最瘋狂的金融投機狂潮和隨之而來的全球危機。例如，二〇〇〇年的網路泡沫，以及二〇〇八年金融海嘯，都讓這些企業面臨嚴峻的挑戰，有許多必須付出慘痛的代價重組轉型。

其實，直到我寫這本書的二〇二〇年，仍須面對外在金融QE持續寬鬆與監管新規的變革。

近年全球化動盪的地緣政治與貿易戰，更讓百年企業走到另一個波動性極高的階段。再加上，二〇二〇年的COVID-19（新冠肺炎）成為全球大流行病，也讓全球化走到另一個階段與轉折。

當然，未來這些百年企業之中，有多少能夠繼續存續，尚未能定論，但從過去百年的歷程歸納起來，我研究的百年長青企業普遍有以下共通的樣貌：

1. 經歷過兩次以上世界戰爭。
2. 經歷過多個經濟週期（經濟大蕭條、石油危機、金融危機、網路泡沫、金融海嘯、歐元危機、跨國際經濟貿易戰）。
3. 經歷過多次策略轉折點。
4. 都有一個以上長壽的掌門人奠基光榮時期，但是目前多由專業經理人經營操盤。
5. 目前多為超過五代以上掌門人。
6. 市值多為一百億美元以上的大型企業，並且是該行業的龍頭企業。
7. 大多是有全球事業布局，經營不同區域市場的跨國企業。
8. 關鍵時刻都有貴人相助。
9. 上市融資後，快速投資購併拓展。
10. 經歷過新興國家對手更低成本競爭力的挑戰。

11. 原來創辦家族的品牌與象徵仍在。
12. 原核心能力不變，但多角化布局，有超過一個以上核心事業。
13. 創業的企業創始人，大多是獨裁威權人格，單項核心事業起家。
14. 接手的企業家後代較能廣納異議，但維持核心長期發展。
15. 股權分散後，專業經理人多角化找機會，但常常週期性進行大型集團重組。

所有權結構變化：家族→共治→專業

從公司所有權結構的演變來看，百年企業的所有權結構發展，可以畫分為三個關鍵階段：

第一階段：家族年代

首先，是由早期創辦家族股權集中控股的「家族年代」。創業者、親人與子女，為公司僅有的股東，財務不需對外揭露，外界也難窺經營實況。

第二階段：共治年代

接著，隨著創業家年紀漸長，內部出現傳承接班問題，或是外部成長需要引入更多資本，這些百年企業開始面臨「去家族化」的壓力，並邁入第二階段，成為家族與專業的「共治年代」。從這個階段起，許多家族不再是單一控股的企業擁有者，但通常仍是最大股東，具一定影響力，與市場股東及專業經理人合作治理。

第三階段：專業年代

企業經過一段時間的成長後，股權進一步稀釋，會邁向第三階段，也就是純「專業年代」治理階段。到了這個階段，企業的股權極度分散，有些創辦家族仍享有多席董事並掌握實質經營權，有些創業者的後代則退居幕後，不再擔任實質經營的角色，由專業經理人團隊擔負起經營任務。

當然，這三個所有權結構的發展，並非

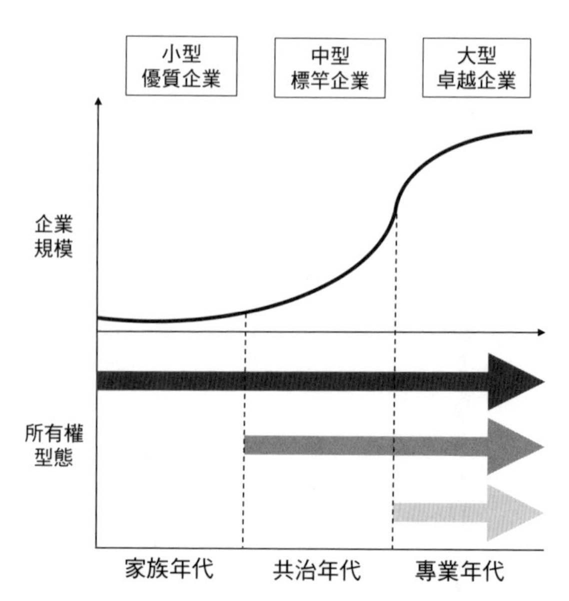

企業百年發展進程的所有權及規模變化

必然是線性發展的。例如，不是每一家百年企業都會進入專業年代，因為家族策略選擇、家族治理、行業特性等因素，目前不少百年企業仍處於家族經營及共治年代。

策略轉折點要順勢而為，還是力爭改變？

無論是家族所有或專業共治，百年企業都得面臨經營環境的變遷。我們知道人生每一個階段都要面臨全新的、過去從未經歷過的挑戰，也就是所謂人生的「轉折點」。有時候，轉折點是一種成長的好機會；有時候，轉折點是危機的開始。如果我們能在這個關鍵轉折點上，好好抓住成長的機會，人生或許就能大幅躍進，如果能預見問題的降臨，也能順利躲過毀滅性的危機。

企業跟人一樣，終其一生，時時刻刻都在做抉擇，隨時隨地都在面臨轉折點。

在企業發展實務上，經營者面臨轉折點時，做出的決策是否正確，往往受限於掌門人的能力及經驗。古有謂：「不知史，絕其智。」不知道過去歷史的發展脈絡，就沒有辦法正確判斷未來趨勢。

近代產業週期變化速度愈來愈快，但我發現，重大決策的擬定過程仍有一定的脈絡可循。身為經營者，究竟要順勢而為，還是力爭改變？甚至提早看出幽微的徵兆，做出前瞻性抉擇？

追本溯源，找出脈絡，看清當下，進而研判未來趨勢，是董事會與企業掌門人最重要的責任。

在深入剖析歐美多家百年企業的發展歷程後，我發現，在不同時期的策略轉折點（Strategic Turning Points）所發生的重大事件及其重大決策，是決定百年企業永續長青的關鍵。這些碩果僅存的百年企業，散見於不同行業，經歷不同外部經濟週期，及不同內部成長階段，而非肇因受益於單一個經濟浪潮。相反地，它們都是經歷了多個不同的策略轉折點，才得以倖存至今。

千萬別小看現存的百年企業，回顧歷史，它們都走過西班牙流感（一九一八年）、全球大蕭條（一九三〇年代）、兩次世界大戰、亞洲金融風暴（一九九七年）、SARS（二〇〇三年）、金融海嘯（二〇〇八年）以及新冠肺炎疫情（二〇二〇年）等各種重大黑天鵝事件。百年企業之所以能夠永續長青，都是因為在這些重大的轉折點，做出了正確的決策。或者說，這些環境下的決策選擇，讓他們能度過一次又一次難關，至今屹立百年。

因此，從企業發展歷史來看，企業掌門人及董事會在關鍵性的事件、決策、機制、交易等方面，做出了重要抉擇，才是成就百年企業今日格局的關鍵。或者也可以說，正是因為這些處於轉折點上的企業，當時做了正確的決策，連結了前階段成長與後階段發展，才能成就現今百年企業的成果。

必修，分析企業發展脈絡做最佳決策

「策略轉折點」是本書研究百年企業的軸心，而分析企業成長歷程中的策略轉折點，其實也是掌門人修練最重要的一堂課。

這裡所說的「策略轉折點」，不見得只是指企業主動選擇的策略改變，有時候也是指一起影響企業深遠長久的重大事件——重大機制、重大交易、重大商業模式的出現等等，對企業產生了策略性重要影響。因此，我們也可以稱之為「轉捩點」、「關鍵點」、「策略拐點」。無論是在總體經濟、整個產業、家族、企業、交易，乃至於個人人生，都會面臨策略轉折點。

大致來說，企業經營有兩個層面的決策問題，一是個人決策，二是企業決策。

在「個人」決策層面遇到問題時，很多經營者常用直覺或「理論分析」來解決問題。但利用理論來解決問題，有個基本限制性：理論未必合乎實際現狀，尤其每個個體都不一樣，就算採取同樣的行動，也未必會達到相同的結果。因此，在管理上，我們也常用「個案分析」，來試圖補足這個缺憾。但個案分析也有先天上的限制，例如每一個個案的背景不同、立場不同、應用時機不同及場合不同，經營者未必在學習了個案分析之後，能實際應用在經營實務上。

在這種情況下，若可以補上一個更具通用性的分析框架，我認為就能補足這個缺憾。而這個框架，就在「企業分析」上。

我把企業分析的研究方法論，概分為「**橫軸分析**」與「**縱軸分析**」，最後整合為「**十字分析法**」。

在管理學研究方法的選擇上，一般對企業研究多是採用同一時期的跨企業橫向比，也就是「橫軸分析法」，這種方法假設可用來比較的企業都很相似，這在財務的比較上可用，偏向量化分析，可以快速大量應用。但是，面對跨行業領域且前沿性的複雜問題，若經驗值不足，則恐怕不夠實用。

對於企業重大決策來說，我覺得需要考慮加入「縱軸分析法」，這種方法偏向質化分析，也就是瞭解類似個案企業的歷史成長脈絡與策略轉折，進而反求諸己，運用在自身場景，較有參考價值。

這種方法較困難，且需要配合套用相同分析框架。

我在本書嘗試結合質化與量化的「十字分析法」，以「董事會生態圈」的分析框架，應用「個案分析」來解析百年企業的策略轉折點。接著應用縱軸與橫軸分析

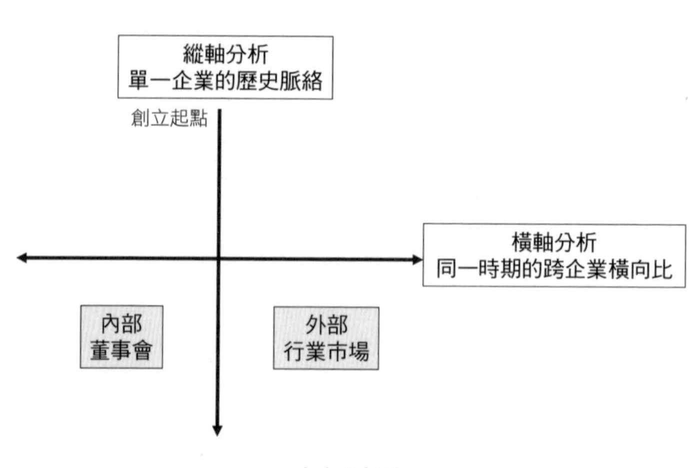

十字分析法

法，來研究企業的成長歷史與發展脈絡。以個案故事方式來探討不同的策略轉折點情境，再運用董事會生態圈的分析框架，來探討企業面臨重大議題時，不同利害關係人針對人、事、物、金額、時間的不同考慮點。

我的目的，是希望企業家面對今日的策略轉折點時，可以重新解剖事件發展，依照「利害關係人」的不同立場，來思考不同的人面對不同議題的「決策場景」，讓掌門人可以利用過去的個案，讓自身面對類似的情境，可以更進一步推敲不同利害關係人的想法，做出最佳決策。

內外兼顧，決定你下一步的走向

每個策略轉折點都是一個企業故事，有決策場景與故事主軸，也有主角與配角，有正面與反面故事，轉折點未必只在一個時間點發生，也可能發展了一段時間，緩慢推進，短期看不容易察覺，但從百年長期觀察及大數法則來說，故事的發展極為明顯。

策略轉折點都有一些相似之處，通常都是有發展脈絡可循，受不同內外部因素互相牽引產生，或者互相放大，有時候不是直接改變，而是間接影響，發展到了一個關鍵點後達到一定的規模效益（Critical Mass）時引爆。

成功的百年企業都經歷多個策略轉折點，策略轉折點連結前後不同階段，成功的策略轉折成就了今日的百年企業。策略轉折點幾乎都有前因後果，事出必有因，前因帶出後果，有脈絡發展就有跡可循。

影響策略轉折點的因素，對企業來說，大致可歸類為內部與外部兩種。

外部的大環境歷史因素，可能包括戰爭，以及戰爭所衍生的產業——軍用品、運輸、工業品的需求；還有戰後，通常人口急速成長，會增加對蛋白質的需求；或是人口長壽及老化，會導致社會結構改變；另外，天候乾旱或傳染流行疾病大爆發所帶來的醫療保健與公共衛生需求，以及城市化需求。

較短期間的外部因素，則可能是政治、經濟、社會性的，像是法規改變而產生的電信及健保新市場，經濟週期的成長擴張與收縮，金融寬鬆政策帶來的資產增長及變動性，金融風暴後續引發的監管及行業新規，地緣政治所衍生的貿易戰與商業模式及資產重新國際布局。

產業的競爭動態、技術發展及格局改變，也會帶來影響轉折點的外部因素，包含技術創新或標準改變所衍生的近代物聯網、金融科技、電子、半導體規格競賽，及更多的5G行動電訊服務。當然，在演進過程中，競爭對手的得與失，也可能對企業帶來新機會與新挑戰，而天氣變遷所帶來化石能源及新能源消長等，各種外部因素層出不窮。

至於企業內部影響因素，則可歸納成股東、董事會及企業三個層面。主要是價值生態圈中不同利害關係人的權與利的角力，各方不同利害關係權衡下的結果。

在股東層面比較複雜，多涉及情感（Emotion）與經濟利益報酬（Reward）問題，最多見是創辦企業的家族成員爭奪利益，諸如兄弟鬩牆，掌門人或成員意外身亡，創辦人因興趣、年紀及健康因素退出，幾乎發生在每個家族企業上。而法人股東與散戶股東、市場股東與掌權股東、善意股東與惡意股東、市場維權基金的要求等，由於各自追求的利益與報酬不同，也是影響策略轉折點最重要的內部因素。

在董事會層面，主要是權力（Power）與利益（Interest）的問題，影響策略轉折點的因素可能是經理人野心私利、奪權或代理問題，董事會失能問題，接班人挑選所引發的人事進退；或是重大公共關係事件處理不當、危機問題、食安問題，企業層面的收購合併、債務危機、上市、下市、資產處分及分割所產生的重組交易。

在企業層面，主要是效率（Efficiency）與效能（Effectiveness）的問題，影響因素可能是人謀不臧、企業轉型、技術創新改變、專利技術訴訟、商業模式改變、市場募資、資產重組、法律訴訟等，影響了策略走向。在這個部分，市面上很多著作已經談得很詳盡了，不是本書的重點。

經營者，善加利用董事會的價值生態圈

要在策略轉折點上做出正確判斷，就不能不嚴肅地看待董事會的角色。有些人以為，真正的

經營者要嘛是創業家族，要嘛是第一線經理人，董事會只是負責開會的橡皮圖章，這真是非常嚴重的誤解。身為創業家、經營者，都應該從第一天起，就正確地認識董事會應扮演的角色，並且善加利用董事會的價值生態圈，為企業指引正確的方向。

基本上，企業的所有重大策略，都是由掌門人及董事會最終拍板決策。董事會的「價值生態圈」（Value Eco System）內，「利害關係人」（Interest Parties）所處的「決策場景」（Scenario），則是每一個轉折點的誕生之處。而所有權與經營權的「權」與「利」，則永遠是董事會中最重要的博弈籌碼。

董事會的價值生態圈中，有不同利害關係人——

執行董事

代表了決策與執行，通常是掌權的企業主或經營者與專業經理人。

非執行董事

代表了股東，也就是家族成員、員工、市場中的個人及法人機構、友好或非友好企業擔任股東角色，反映了股東對報酬的期待。

獨立董事（包含監察人）

代表了市場與法規監督的力量。

以上不同利害關係人的立場、利害得失、考慮點都不同，身為經營者不可不知道。利害關係人對於重大決策上的權與利糾葛，會產生不同的決策選項（Options）、不同的爭辯與角力，形成不同的決策場景。

掌門人與董事會在策略轉折點上的選擇，對於不同利害關係人開啟了特別狀況（Special Situation），而這些特別狀況會對不同對象，產生不同的機會與挑戰，這些都會影響到長期股東價值。

本書接下來所講述的故事，希望可以讓讀者延伸使用，讓企業掌門人學習瞭解在不同情境下，各個利害關係人的角色考量及利害得失，用來鍛鍊掌門人心理素質與決策經驗。董事會的最終決定，成就了迄今的企業成果，而當中的各種決策場景，都可以透過正反思辨、反覆模擬討論演練。

獲利只是低標門檻，要掌握時勢永續治理

我深信，百年企業是人類迄今運用「股份有限公司」制度運作成果的最高級別，也是永續長

青運作的最佳典範。從另一個層面來說，百年企業也代表著全球社會及資本市場對於企業經營的最高標準要求與期待。這個最高標準，基本上是一種綜合性要求，結合了對於企業營運的「企業基本面」、「資本市場面」及「永續治理面」三個面向的整合性修練。

然而，在這條修練的道路上，華人有其特有的文化、社會及經濟背景，與源自西方的「資本市場」運作及「股份有限公司制」運作多有衝突。畢竟，華人經歷五千年發展，士農工商，商人居末，故商人一向不是社會主幹。直至二戰後新經濟改革開放，企業經濟才開始抬頭。面臨與西方企業家不同的社會、法治、技術與經濟背景，華人企業家現階段仍在摸索純熟運作的商業之道。

一般而言，當個人創業家傳承了兩代、甚至經營進入第三代，基本上就可歸類為家族企業。

家族企業是華人民營企業的重心。在本書的定義中，大中華區兩岸三地以外的華人企業，除創辦家族為華人外，管理階層多為當地人士出任，由於深受當地文化、人種、倫常的影響，經營文化已普遍融入當地的環境，因此我認為這些企業比較適合泛稱為「華商」，不算是「華人企業」。

因此，這裡指的華人企業，仍以中港台的企業為主。當然，兩岸三地的狀況有極大差異。中國大陸因政經體制影響，三成以上都是國營企業，近一、二十年的新創民企目前仍大多處於第一代創業家的階段。香港商業國際化較早，四成以上都是家族企業，偏重資本市場，其中又以地產及金融業為重點。至於台灣，則高達四分之三都是民營創業家，比例最高，究其根源，難免與華人「寧為雞首」的民族性有關。喜歡創業造成滿街是老闆的現象，在台灣發展兩個世代後，演變成以家族企業為主的經濟體。

華人一直是以家庭為單位、家長為軸心，成為集權與威權中心，而沒有民主投票制的基礎。華人的社會結構則是以人際關係為主軸，華人「情—理—法」的人治運作與西方的「法—理—情」的法治運作大不相同；另一方面，儒家思想是一個穩定的社會運作架構，不論兩岸三地的政治架構是什麼，華人的骨子裡還是社會關係大於法治體系。因此，對華人企業而言，從「家長制」轉為「公司制」，是一條艱難的道路。

尤其，資本運作一直是華人的弱項，對社會結構及經濟結構未臻成熟的華人社會而言，並不熟悉資本市場中利用外力資本協力合作，各取所需、各分其利的運作模式；或者更進一步，利用資本市場的高低波段週期，借勢國際動態來成長或擴大版圖。可以說，除了香港以外，華人企業家對於資本市場運作的殿堂，仍然停留在入門的階段。

華人家族企業走到現代，經營環境已然大不同，在全球化及永續發展的目標下，國際社會開始要求企業主動擔負起社會責任，企業須有意識地逐步拉高本身在ESG（Environment Social, Corporate Governance）三大領域的「永續面」表現。

因此，過往追求企業獲利及股東利益的「基本面」表現，如今只是低標門檻，還需考慮「市場面」的股東溝通及監管法規，乃至於利害關係人的總合利益。企業掌門人最大的挑戰，就是看清局勢、順應時勢、轉型成長，並主動回應公眾利益需求，提升長期的股東價值，符合基本面、市場面及永續面的綜合性需求。

向歷史經驗學習，才能超前部署

我們該如何借鏡百年企業，永續長青？想回答這個問題，我們就要從百年企業的三個修練面向來檢視。先看企業營運的「企業基本面」、「資本市場面」及「永續治理面」三個面向的整合性修練。

企業掌門人若以宏觀角度，像用望遠鏡般回望百年企業的發展，就可看出是哪些重大決策決定了一家企業的成敗：連續正確的決策，將企業推向對的軌道；連續錯誤的決策，則將企業推向失敗的深淵。

如果可以「以終為始」來思考，知道未來樣貌，瞭解哪一些是不值得從事的業務或選項，是不是就能提升決策的成功率？如果可以「換位思考」，是不是可以找出博奕雙方的雙贏方案，減少不必要的浪費重複？事實上，這些都是企業的決策者——董事會成員需要思考的問題——抓住重要關鍵點，做出對的決策。

而這些百年企業在發展路徑上的各種策略轉折思維與經驗，都是企業掌門人最佳借鏡的對象。只有向歷史經驗學習，才能前瞻部署，智慧決斷，讓企業得以百年發展，永續長青。

接下來，本書第二部中，我將會直接以扼要文字，說明我所發現的十大關鍵策略轉折點。用比較戲劇性的角度來看，也可以說是企業在邁向百年的路途中，必須經歷的十項修練。

這十項修練，其實有點像一張體格檢查表，可以讓經營者放在案頭，時時檢驗自己的策略方向。

看完這十項修練，若有時間閱讀，可以繼續往下閱讀第三部，從中挑選自己感興趣的企業，看看這些成功邁向百年的故事。

多年來，我研究的企業逾五十家，但限於篇幅關係，本書只收錄十個百年企業案例，分別是：

源自德國，從技術本位起家的運動品牌：愛迪達（Adidas）

研發為本制霸百年的瑞士食品巨人：雀巢（Nestlé）

美國媒體霸主跌宕的併購之路：華納媒體（WarnerMedia）

與時代競速的德國汽車大王：巴伐利亞發動機製造廠股份有限公司（BMW）

浪漫又狼性的法國精品帝國：酩悅．軒尼詩—路易．威登集團（LVMH）

荷蘭科技龍頭的創新與轉型：飛利浦（Philips）

美日混血零售帝國的挑戰：7＆I控股（Seven & I Holdings Co.）

美國消費品巨龍的組織與行銷戰力：寶僑（P&G）
屢創科學奇蹟的法美化工巨擘：杜邦（DuPont）
力拚彎道超車的美國科技藍色巨人：國際商業機器公司（IBM）

他們代表了正面及負面教材，每個企業個案至少包含了三個策略轉折點。它們策略轉折點的發展時期長短不一，但都值得我們學習。我在講述關鍵發現之後，會特別列出學習點及常見做法，讀者可以參照案例連結到十個個案內不同的故事點，瞭解不同企業當時面臨轉折點的真實情況與樣貌。

本書中的十家百年企業，在每個時期都面臨不同的競爭對手，能存續至今，在於董事會成員在關鍵的策略轉折點上做了對的抉擇。這是天擇，也是人擇的成就，因果循環參照，這些脈絡發展印記了百年企業的路程。

第 2 部 關鍵發現．百年企業的十項修練

為什麼有些企業會陷入業績停滯，有些企業卻可以不斷成長、不停茁壯？為什麼有些集團規模大到某個程度，就難以向上突破，有些集團卻可以跨越一關又一關的關卡、更上層樓？最重要的是：該怎麼做，才能讓企業保持活力、永續長青？

如果你是經營者，或是董事會成員，我想這些都是你念茲在茲的課題。而我深深認為，全球知名的百年企業，能為我們帶來啟發。

在這個單元裡，我簡明扼要地總結我研究眾多百年企業後的發現，我稱之為「策略轉折點」，這裡歸納出十個百年來成功企業都經歷過、克服過的關鍵轉折，以及它們所採取的策略。

我發現在這十個轉折點上，倘若企業選擇了錯誤的策略，走上了錯誤的方向，往往會付出非常慘痛的代價，輕則營運受創、元氣大傷，重則從此灰飛煙滅。

但是，要採取什麼樣的策略，則要看經營者在關鍵時刻能否靜下心來，以自信與遠見挑戰未來，因此我也將這十個策略轉折點，稱為經營者的「十項修練」。無論是新創企業、中小企業、大型集團，我相信都能從中受惠。

前面提到，我希望能讓日常生活非常忙碌的讀者，用最短時間讀到重點，因此我採取了較簡潔明快的寫作方式。每一項修練中，我會先說明關於修練的基本內涵，並且分別提出「學習點」、「常見做法」與「參照案例」，供讀者揣摩、討論與學習。

若想更深入探索「參照案例」中的個案，可以閱讀本書**第三部「探索十大百年經典個案」**。

一、掌握核心現金引擎

成功的百年企業都奠基在一個可持續成長的核心事業，這個核心事業引擎產生穩定強勁的現金流，支持後續百年成長。該核心能力與商業模式所組成的核心事業是其企業發跡基礎，但可隨時間演進轉換出不同產品與服務順應時勢，而不是單純賣產品堆積業績達成營收。這個核心可以延伸到不同應用領域，可以在不同區域擴張，可以擴充規模，可以跨新領域再發展。

學習點

企業初期通常都奠基於一個持續成長的區隔性市場，起源於剛性需求或硬性需求，可能因為運用不同新技術、新發展途徑、新做法而超越競爭對手，或者巧遇市場競爭空窗期，市場需求持續上升，但其需要的資本投入並未隨之增加，因而產生超額現金流。

早期的競爭優勢確保了超額現金流，持續投資而墊築較高的進入障礙及競爭壁壘，進一步確保源源不斷的營運現金流入。可能是因為全面性強勁需求或縫隙市場之競爭空窗期，提供了企業成長契機，在具有經濟規模的母市場，成為國內龍頭或區域單項目冠軍，再開始向外擴展不同市場，追求國際成長。

現金流為企業經營的血液，也是奠定市場競爭力的利器。競爭力往往起始於創新、研發或特殊做法，如專利、技術、法規，一方面滿足市場的需求，也保障了超額利潤，現金再投入進一步擴大經營規模，拉大競爭門檻及進入壁壘，打造牢不可破的護城河。

這個早期創新者，最終成為國內行業龍頭或項目冠軍，掌控訂價權。占領行業領先地位後，進一步區域擴張，透過區域發展套利不同優勢，多角化分散或國際擴展，成為全球龍頭，掌握價值鏈高端後，再購併重組行業結構，重新分工全球價值鏈，掌握競爭賽局與價值分配。

常見做法

1. 長期有計畫性地構築及深化核心，將核心事業做為戰略經營重點。
2. 配合不同的外部經濟及內部發展週期，且不斷重新定義核心，避免老化。
3. 核心可以轉化出不同事業及產品，一方面可創新發展，一方面多角化分散。
4. 持續發現市場潛在需求，構築進入障礙，核心再衍生新事業，並進行國際不同市場擴張。
5. 持續強化及增加核心引擎的數量。

參照案例

相通核心技術可以轉換出不同的產品應用，可應用核心技術跨領域多元發展，或者針對相同族群需求衍生不同產品，持續擴展，才不會被時代的洪流淹沒。

舉例來說，雀巢公司發跡的核心能力為濃縮粉末化技術，讓其嬰兒奶粉產品受惠於戰後嬰兒潮而大受歡迎，引領了蛋白質經濟時代（戰後美國為解決農業生產過剩問題，強力推銷以蛋白質攝取量來評定國民飲食現代化的程度，因此以奶蛋生產高蛋白質食品的食品企業，趁此潮流邁向全球化），後來又將該技術運用在巧克力粉及咖啡等其他飲品。而咖啡粉末業務則繼續精進到濃縮咖啡膠囊，並衍生出近代的咖啡連鎖事業。

杜邦運用相關的化學原理在週期表內找出關聯發展，從炸藥，到發明尼龍、合成樹脂、鐵氟龍鍋，再到生物燃料。

愛迪達從競賽運動鞋衍生到運動賽事，再衍生到運動服飾。

寶僑從香皂，發展洗滌劑；從護膚品延伸至牙膏，再到刮鬍刀、紙尿布等產品多樣化。

二、審時度勢轉型優化

百年企業，都會定期進行策略檢視、瞭解國際競爭力及自身績效表現、審時度勢，主動調整事業組合，持續轉型成長。順應經濟週期及行業週期，瞭解外部的「時」與內部的「勢」，清楚經營環境是順風或逆風狀況，再訂定階段性的成長策略，讓現有業務增長與新事業成長兩者並重，「內部有機增長」與「外部無機成長」兩種方式同時並重，設定多元化成長方案。

學習點

全球化後，資訊落差消失，經濟週期縮短，市場不同影響因素交錯動盪，數位化後資訊發達，新技術及新模式層出不窮，消費者忠誠度低，新產品變化是冪次方出現，消費週期更短。金融波動更加速放大經濟變化程度，且連帶影響市場消費信心，讓產品生命週期更加縮短。

企業自身資源及能力有限，主動因應時勢才能存活，企業長大成為大恐龍後反應變慢，不易存活。全球化經營環境下，人不一定能勝天！只有與時俱進的配合外部局勢，順應時勢來調整內部資源分配的最佳組合，才能產生價值甜蜜點。

常見做法

1. 「本業」未必是「核心事業」，不斷檢視現有核心的可適用性，並重新定義核心事業，設立階段策略與目標管理。
2. 百年企業會主動調整資產組合，檢視績效表現及國際競爭力，資產加法與減法並用。
3. 加法投資增加優質資產，內部研發、創投、新設、合資、策略聯盟、策略合作及收購合併等手段擴張。
4. 運用減法減持劣質資產，分拆、出售、關閉、重組等斷捨離手法，主動退出或處分負面價值貢獻資產。
5. 主動長期限地預測未來，多方面布局不同事業及科技發展，提前布局未來。

參照案例

科技創新及文明發展，加速了消費者喜好及消費型態的改變，並改變企業經營假設。即使經營領域不變，核心能力不變，百年企業還是會調整策略及商業模式，重新定義核心，改變營運重心。

舉例來說，ＩＢＭ四次大轉型，從打卡機轉型到雲端服務，就是很好的例子。主動出售被動元件事業，甚至壯士斷腕倒貼賠售半導體事業，近年加碼收購雲端及人工智慧企業，只為了專注於未來看好的雲端服務。

飛利浦從早期燈泡龍頭，意外進入Ｘ光設備、顯示器及消費電子產品，後遭逢日本企業勁敵，皆主動轉型，出售不具競爭力的消費電子及照明事業，賣在高點，迄今專注醫療健康事業。

愛迪達面臨多年成長趨緩，決定遴聘行業門外漢進來操刀轉型，關閉實體通路，推動數位經營，並與時尚結合，多元轉型潮牌，都是很好的例子。

三、穩健高效的董事會治理

百年企業認知到，只有穩健的股權結構及穩健有效率、高效能的董事會治理，企業才能有優質的決策品質，才能長期規畫，進而在面臨重大交易及重大決策時，得到穩定支持。百年長青企業都有卓越的董事會成員，透過嚴謹的運作機制、運作程序及功能運作，做出各項優質決策成果。只有能謹守公司治理原則運作的董事會，資訊透明揭露，才能公平對待大小股東權益，平衡長中短利益，減少爭端。

學習點

穩健地基才能蓋起摩天大樓，高效的董事會治理，企業才能穩健成長。經營百年企業的董事會成員深知，只有明確的運作規則，尊重合約精神、法治運作及功能分工才能長久運作。只有卓越的董事會才能做出卓越的決策，由不同背景及優質專長組成的董事會，才能平衡不同意見，提供國際視野及異業做法，董事會才能高效運作。

常見做法

1.企業不同階段的董事會結構與董事組成不同。早期家族年代，追求決策效率以家族成員為主。公開上市後，家族控股為主，輔以友好方董事。共治年代以家族控股及專業經理人共同合作。股權公眾化分散後，董事會組成則以市場、大股東、高管層三種董事成員共同組成為主。

2.董事會的責任，對上對接股東，對下監督團隊執行，並負有尋覓最佳企業掌門人（CEO）持續經營之責。

3.董事背景需要多樣化，跨越不同行業及專長背景，有多方面經驗，不限於財會專長，具實際功能，可協助連結外界資源。

4.董事會不是一言堂，面對異議及爭議，公開討論，兼顧決策效率與決策品質。面臨重大交易懸而未決時，或請第三方提供獨立評估做為參考。

5.面對利益衝突議題時，大股東需利益迴避。讓管理權、所有權及控制權三權分立。

6.面臨關鍵危機時刻，大股東需要挺身而出，有取代CEO的能力，董事會也是儲備接班人的地方，磨練重大決策眼光。

7.面對特別事件可設立特別委員會，處理重大交易、重大事件，如特別委員會及接班委員會。

8. 接納外部股東不同意見，並與之溝通，如維權性股東或者敵意收購。

參照案例

所有權與經營權究竟要如何妥善安排？這對家族企業而言相當重要。許多繼承者為了爭奪財產和經營權，反而使創辦人一手創立的王國分崩瓦解。ＢＭＷ匡特家族創辦人在生前就安排了「無稅分配」和「分業分割」的分配模式，可有效地阻止家族糾紛，並且讓家族的凝聚力更加緊密，家族成員也進入董事會，與經營團隊共治，持續培養接班人；且在面臨 ROVER 收購案差點拖垮ＢＭＷ時，忍痛替換老臣重組董事會，穩定軍心。華納兩次世紀交易把企業拉到瀕臨破產邊緣，失能董事會只扮演橡皮圖章，把關功能不彰，這是董事會沒發揮監督功能的最好反面教材。面對股東股權分散時，只有股權重組集中及完善董事會運作，才有辦法做出重大決策。杜邦三巨頭年代，就是重組了分崩離散的家族成員股權，讓穩定的股權中心成為一個長治久安發展年代的主要基石。

四、重視長期股東價值

百年企業不只追求企業基本面表現，如成長、獲利、報酬及競爭力，也重視長期股東價值。主動改善基本面、市場面及永續面的價值因子，形成不同的價值策略，讓「企業價值」與「股東價值」對齊，最大化股東價值。時時調整企業戰略、商業模式與組織結構，再透過重大決策、重大交易及核心延伸。遵守對股東的承諾，定期監控績效表現程度予以調整，並重視股東溝通。

學習點

企業存在目的在於產出經濟價值，滿足利害關係人（stakeholder），但是股東（shareholder）支持是事業發展的必要起點與絕對基礎。百年企業在不同生命週期階段，都有不同的股權結構比例與股東素質組成。市場是不理性波動且週期性的，如何透過溝通，充分反映企業價值，把短線投資人變成長期股東，並且把市場動態反應給企業掌門人調整策略，有賴於有效溝通及主動溝通。與各種不同股東的溝通方式不同，從早期家族股東，到上市後的公眾股東及法人股東，再到近年代理公眾股東型態的避險基金及維權基金，如何讓股東瞭解，有效溝通、適度參與，以便支持重大決策及事業經營，是百年企業持續經營關鍵之一。

常見做法

1. 主動檢視企業績效與瞭解市場期待，建立股東溝通和股東價值策略（Shareholder Value Strategy），主動監控企業的股東價值表現，及對比同業及市場水準。
2. 改善與股東溝通介面及溝通內容，如董事長對股東的信、公司網頁。常設的投資人關係（ＩＲ）部門是必要的設置。
3. 主動邀約優質股東加入，在企業不同的發展時期考慮最適合股東的組成。
4. 主動處理異議股東及異議事項，充分透明揭露資訊。

參照案例

百年企業的掌門人重視股東溝通且重視股東意見，並主動與異議股東溝通，而非只是消極抵制，才能維持長期股東價值及經營穩定，例如雀巢與寶僑同時面對維權基金的訴求，雖然兩者回應方式不同，但是最終都適當採納股東意見，進行資產重組，提升企業價值。由此可見，企業不僅是為了監管要求才定期將資訊揭露，也需從內而外重視對股東的承諾，像是董事長給股東的信，爭取優質股東加入並持續支持，這種傳播力量，可穩定股東權益，更能擴散出去，進而轉換成利害關係人的認同。愛迪達新掌門人面對低估的企業股價，採用庫藏股方式，提升股東價值，也是常見做法之一。杜邦（Dupont）早期面對國際化規模，最早與陶氏（DOW）原為競爭對手，業務諸多重複，考慮產業競爭與市場飽和之際，毅然決然整併之後再進行一拆三，也是董事會主動發現產業價值配對，透過戰略手段，來最優化資產組合，不但釋放出價值，也對齊企業價值與股東價值。

五、抓住契機進行重大交易

百年企業都成功地在歷史上幾個重要轉折上，抓住機會危機入市，大膽地進行重大交易（deal making）；有時是抓住市場破口，進行資本運作。企業掌門人都有一個明確的企業願景與發展藍圖，密切關注重要的潛在交易機會，順勢作為，收納入袋。除了配合市場發展低進高出，也會槓桿市場資源，調整資本結構，並善用各家專業機構不同專業特長，配合不同企業狀況，設計出最適合的創新交易。

學習點

企業除了關注事業基本面之外，也須知市場的波動性會帶來「價值」（Price）與「價格」（Value）的錯置，因此結合市場波段必要性的資本運作也是重點，操作得宜可為股東帶來長期價值，尤其是市場或同業的重大事件，便會帶來自身的特別機會，例如競爭對手的內鬥或總體經濟環境的系統性修正，把別人的危機變成自我的轉機。

常見做法

1.長期觀察，並釐清自身交易策略，隨時盤算潛在交易對象之戰略價值，才能掌握時機迅速出手。

2.強化企業功能的部門（Corporate function），在企業內部長設專職的企業發展及企業策略部門，專責負責投資，交易及長期策略規畫。

3.針對不同交易，借力外部經驗及資源，找尋交易機會；善用外部專家之經驗專長，如投資銀行、律師、顧問、會計師等，組成專案團隊勁旅，共同合作。

4.配合企業及交易狀況，結合市場法規及工具，結構創新，以達成整體策略為前提。

5.資本募集配合基本面，估值太低就買入調整資本結構或下市重整，估值太高則募集資本或收購成長，增加股東價值。

參照案例

密切關注外在變化或危機事件等事件風暴，把重大交易做為企業的策略轉折點。日本洋華堂反向收購 7-ELEVEN 就是個典型的例子——日本洋華堂本來只是 7-ELEVEN 在日本的授權商，但日本7-ELEVEN不但成為南方公司最具規模的海外小金雞，也在美國南方公司瀕臨破產時，讓洋華堂母公司可以抓住契機利用資本投入與營運參與的方式，重建美國南方公司，進而向上反向併購，先讓自己晉升為超商龍頭，最終成長為日本零售業巨頭。

ＬＶＭＨ長期觀察行業內潛在的收購機會，尤其奢侈品行業多為家族企業，接班問題多，不論是透過市場長期布局，或者透過投資銀行設計創新交易模式，不斷地進行收購整併是ＬＶＭＨ成為行業龍頭的不二法門。

ＢＭＷ面臨收購失利，且一次出售虧損交易不利時，斷然決定自行一拆三，將不同事業以不同方式分拆出售處理。ＩＢＭ面臨重大轉型之際，不計代價甚至大額補貼收購買方虧損，出售半導體業務，只求切割出售，保持策略性導向。這些都是經典的重大交易案例。

六、保持活力持續成長

百年企業雖然歷經百年卻未老化，保持青春永駐的祕訣是不停追求成長創新，並時時換血保持活力。避免老化，更從組織內部做起，並帶入外部新血新意，強迫汰換更新，打造具有活力的組織，人才及企業文化，持續追求創新。另外，不只追求原有事業的增長，也追求新事業的成長機會，甚至於新領域的發展機會，不只追求內部的有機成長，也追求外部的購併成長，強迫組織活化。

學習點

百年企業崛起時，也都是當時的破壞性創新型企業。隨著時間演進，企業會組織老化、成長鈍化及競爭力弱化，這是成長慣性與生命週期必然性。沒有強迫自身成長，企業會慢慢地步向衰退、衰敗、衰亡，因此企業掌門人要強迫自己換血，長出新組織，主動切除壞組織，活化組織活力，進而把此模式活化變成管理循環之一。龍頭企業面臨的重大競爭，幾乎都是新物種的競爭，而非只是現有對手的競爭，如 Telsar 電動車之於傳統車廠、影音串流平台 Netflex 之於大眾媒體、電商龍頭 Amazon 之於傳統零售通路，都是現代的破壞性創新，只有不斷向外看與持續活化才能逃脫這個宿命。

常見做法

1. 董事會需規畫三～五年中長期發展策略，以建立內部共識，並實施季度檢視，設定自身及外部策略目標，而非僅關注短期的月季營收及年度預算達成等。
2. 不只關注現有事業的有機增長，且需主動管理新領域的無機成長，積極發展及延伸出新事業機會。
3. 不只追求企業內部的有機成長，也要適當搭配外部成長。從小型交易開始練習，建立收購標的清單（pipeline），把多元成長方案變成常態性，內外兼修。
4. 定期主動淘汰壞組織，常態進行組織換血，建立容許犯錯的文化，定期進行人才盤點，關切員工滿意度，並建立外部人才庫。
5. 持續不中斷地投入研發，並對創新產品及新創事業安排一定的比例持續投入。

參照案例

百年企業能維持長青不墜的主因是持續投入研發，保持事業活力，策略性地強迫固定提撥一定預算比例投入。杜邦從核心技術出發，持續不斷研發新技術，發明創新材料，進入關聯領域，如從石油到尼龍的發明。飛利浦設立 Nat Lab，作為企業的核心不斷創新，發展出 X 光、CD 等，並投入消費電子領域，就是研發創新的代表作。順應市場發展及競爭改變，時時重新定義核心，如雀巢及寶僑，毅然決然地出售不具規模或非核心的隱形眼鏡及化妝品業務，保持專注。保持人才及組織的活力，適時引進外部人才刺激，對內凝聚員工滿意度及向心力，寶僑率先爭取員工認同，利用資本市場工具，建立福利及激勵制度，人才培育與利潤分享也是最佳典範之一，讓企業得以百年長青。

七、打造永續品牌價值

百年企業未必都是零售行業、消費品或直接面對終端消費者，但他們最終都成為全球知名品牌。因此，企業掌門人的策略，第一優先考量都是維持品牌價值，品牌理念可以永續，品牌價值可以累積，品牌精神可以永續傳承，品牌是企業最重要的資產之一。但百年品牌經營不易，需要有清晰的理念才能對內對外溝通，進而永續經營，而其重點就是打造品牌價值生態圈，掌握價值制高點，並與合作夥伴專業分工，共同分享，一起打造未來。

學習點

品牌，反映了企業過往的成就與榮耀，是一個長期認同的價值凝聚，代表消費者的價值選擇及消費者認同，也代表信任（Trust）與信用（Credit）表現出的社會資本。品牌整合了該企業所有的經濟活動價值，是最終產品的產出，經濟活動的終端。品牌價值，是客戶為了滿足痛點所付出的經濟代價；而品牌溢價，則是與競品相比所擁有的更高價值創造能力。打造百年品牌是掌門人的第一要務，時時追求。

常見做法

1.百年企業不會親自從事所有活動，而是發展最佳商業模式，把自己定位在價值生態圈的制高點，讓合作夥伴分工，大家共同獲利，充分利用生態圈資源，創造出夥伴合眾之最高經濟價值。

2.充分使用品牌，創造不同經濟價值。不只在產品生產層面，也會利用品牌在公司層面加值，如合資、投資、加盟授權、結合商業模式，利用品牌價值創造股東價值。

3.打造一個永續經營的品牌，需多方面滿足利害關係人，包括員工、社會、社區、股東、環境等，並吸引更多人才加入。

參照案例

品牌形象追求永續，企業品牌反映了清楚的核心價值及正面企業文化。飛利浦以照明專業發跡，品牌價值鮮明領先同業，歷經數度事業轉型後，雖然事業重心改變，但是品牌永續理念不變，部分業務改採品牌授權或者採取合資經營，延續品牌價值。LVMH戮力打造百年品牌，發掘旗下產品的傳奇歷史故事，創造消費者體驗，持續經營品牌故事。BMW的生產製造在高端車市場，持續不斷經營打造德國精密製造工藝的印象，深植人心。7-ELEVEN 利用品牌在不同區域與國家，授權加盟與直營並行，衍生品牌力，並利用加盟制度擴大價值生態圈。不約而同的是，所有品牌都對於回饋社會與企業社會責任（Corporate Social Responsibility，簡稱 CSR）戮力實踐不遺餘力。

八、穩健的機構化運作

百年企業經過長年機構化（institutionised）後，都發展出一套特有且最適合自己的組織機構運作方式，這個機構化運作體系是重要關鍵，得以搭配自身行業發展的不同特性、事業特色及經營規模運作，形成一個穩健且成熟的運作體系，讓程序、制度、系統自成一個自動分工運行，讓企業得以延續運作、自強不息。

學習點

每個行業的競爭狀況，每個企業的能力與事業特色及所處生命週期階段皆不相同，因此也應有不同的商業模式與企業策略運作。天底下沒有兩個相同的企業，企業經營是一套不同參數的組合，變數與自變數的最適化（best fit）運作才會創造最大價值，但是只有透過機構化運作才能持續運作，端賴個人直覺掌控一言堂決策將無法永續。

常見做法

1. 配合大環境，定期確認企業策略與商業模式的經營假設之適用性，並依據不同的成長週期調整組織與機制，如全球供應鏈體系就會因為貿易戰而改變重組。
2. 企業策略、商業模式、組織結構等之機構化運作，會因為規模不同而呈現差異，需要對齊企業規模，配合核心能力、事業特色與生命週期，發揮最大效益。
3. 定期檢視組織架構，配合發展策略，找出最適合其經營規模與行業特色型態的組織及管理模式。
4. 尊重合約精神與組織運作原則，尊重分工授權，透過系統管理，建立可永續經營的機構化治理機制。

參照案例

寶僑最令人激賞的組織能力在於其品牌管理（Brand Management，簡稱BM）制度，品牌經理專責一個品牌事業，從品牌的整合性競爭力出發，而非部門自身觀點，配合各地市場不同，全球跨地區適地經營，甚至會安排內部競品競爭或市場區隔，增加外部市場競爭力。品牌專責經理得以結合技術創新提升企業行銷能力，快速回應市場競爭。杜邦化工需要大型工業化規模生產，為了提升生產效率及標準化，所產生的集團化管理結構（Strategic Business Units，簡稱 SBU），是早期成為工業巨擘的重要助力之一。ＬＶＭＨ將前台專業設計創意及創新，獨立於後台的標準化管理，各個品牌得以保持自有創意及品牌精神，後台人員得以在同平台跨品牌互相支援，集團綜效得以發揮支援，這種組織能力讓ＬＶＭＨ得以持續不斷地收購成長，讓不同品牌資產在同一個集團內得以機構化經營，但不失去原有的活力與創意。

九、卓越的企業家精神

百年企業幾乎都是起始於強人性格的創業家，有堅強的意志力，性格堅毅，但也可能獨斷獨行。不過，企業要能延續，關鍵在長期培養的接班人，由一個以上的卓越後代企業家繼續接棒，展現強烈的企圖心，穩固並擴大其經營基礎，最後則需借力專業經理人團隊及外力，成長為國際級企業。這需要一個接班工程，由董事會運作，有明確時間表及分工檢點，持續運行，將經驗傳承。百年長青企業在各個歷史階段，通常都有幾個不同的卓越企業家，企業家未必是企業的所有者，但一定是有卓越視野的企業掌門人。他也重視董事會運作，規畫接班人培養及接班體系的建立，以達永續經營，並且將之視為經營重點。而所謂的企業家，需有理念、有格局、對事業有宏觀觀點、社會形象佳、高度社會認同、有高度社會責任，而非僅僅是會賺錢的商人或老闆，企業家與商人兩者格局相差甚遠。

學習點

掌門人的企圖心、格局與眼光，決定了企業未來可以達到的規模，企業家勾勒的未來願景，描繪出未來可以發展的江山版圖及企業輪廓，做為企業上下戮力追求的目標。而掌門人或董事會所挑選出來的下一棒接班人，以及對於接班人的長期培育，更是決定企業是否能夠永續、企業理念是否可以持續的關鍵。人決定事的走向與未來。

常見做法

1. 長青企業在不同階段，面對不同挑戰，需要不同個性、能力、經驗及人格特質的企業掌門人擔綱。
2. 掌門人的個人形象代表企業品牌，有氣度的企業家打造有氣度的企業活力與文化，決定企業的模式與策略，以及對於股東的重視和所有的治理與作為。
3. 掌門人通常都很冷靜，但是對於生命抱有熱情，重視公益參與，把公眾利益置於個人私利之前，看到企業的長遠發展，有宏觀的觀點（view）與布局，積極參與社會公益和地方回饋，而不是只汲汲於名利的商人。
4. 董事會對於掌門接班人，需要持續不停地尋找與培育，唯才適用，選賢與能，內舉不避親，外舉不避仇，華人企業尤其需要省思。

參照案例

每個企業都有自己的企業家精神或創業故事，這些都是後代得以流傳的故事及企業精神象徵。這些精神領袖建立的典範，讓後代以家族名為榮，ＩＢＭ的華生早期建立「ＴＨＩＮＫ」精神，成為清楚的企業文化與識別，為後代建立典範，歷史定位不論如何持續轉型，企業軸心文化不變，歷史留名。企業家需要有自己的遠景與觀點，有時需要獨排眾議，堅持到底。如果沒有早期人稱7-ELEVE教父的鈴木敏文，執著地排除萬難，可能就不會有今日的７＆Ｉ零售集團。

企業經營是團隊接力賽，不是個人超級馬拉松。企業要永續，就要接班傳承，企業家不能沉迷於權力欲望而不放手，沒有前一棒的傳承放手，就沒有下一棒的接班接手。不會有兩個相同的企業強人，換不同風格的人做不一定會比較差，企業家不在位，地球仍然在轉動，不需要過度放大自己的存在價值。

接班議題是董事會中的固定討論議題，為確保永續經營，建立完整的人才庫，接班體系及培育系統平時就需積極進行不中斷，傳賢或傳子要順勢而為。ＢＭＷ匡特家族就是很好的例子，面對重大危機時，董事會或大股東要有勇氣與魄力陣前換將，或借用外力進行改革，ＢＭＷ在處理ROVER投資失利問題時，家族大股東就毅然決然換下信任老將立即止血。一旦改革成功，常見運用內部老臣延續改革成果，因為老將熟悉內部文化運作，容易融入企業文化落實執行。

十、妥善處理重大危機

企業百年發展不可能一帆風順，往往遭遇過幾次重大危機，大都經歷過石油危機、經濟危機、金融風暴、一二戰等重大歷史考驗，幾乎都面臨董事會爭端及惡質股東惡鬥，造成其策略上的重大轉折，幾經調整完備後，最後終於安然度過。危機處理經驗能讓企業鍛鍊出強勁的韌性，以及具備應變能力的組織體系，有能力主動處理危機。然而，企業在平時就需要有風險意識，重視分散風險。

學習點

企業經營不易，即便長期成功，但只要一次嚴重失敗，就有可能垮台。近代國際布局變數急遽增加，環境複雜，且企業規模一旦做大，就可能落入反應緩慢的窠臼，想回應時往往危機已擴大，措手不及。然而，危機發生通常都有前兆，重大危機容易產生連鎖反應放大，風險因子愈複雜愈會放大其衝擊程度，導致事件愈滾愈大。當事件牽涉不同利害關係人時，會讓利益糾結更複雜，因此企業要有系統、有手段地積極處理自身危機，掌門人要有敏銳觸感，在傷本前主動處理，才能及早控制風險，而非置之不理。另外，近年國際社會已將ESG（Environmental, Social, Governance）視為企業永續經營的必要條件，這涉及了公司治理監管、社會關係與環境保育，不只影響企業風險因素，並且與股東價值連動。

常見做法

1. 主動關注經營風險，主動建立管理通報體系，主動管理風險（risk），建立風險部門的功能，自行定期進行壓力測試。
2. 管理合規部門（compliance）及公司治理部門（corporate governance），主動監控及稽核事業部門管理風險程度。
3. 配合國際要求建立專業部門，主動管理ESG議題。
4. 面對重大危機立即主動處理，並組成跨部門專案小組，善用外部顧問及專家，由高階主管領導處置。

參照案例

大型百年企業在做跨國銷售時必須更為審慎，亦不可輕忽各地市場反饋及監管法規，否則可能會強力反彈。例如，雀巢就曾被指控在非洲的醫院強力推廣以嬰幼兒產品取代母乳，但未搭配適當的教育，反而造成許多嬰兒營養不良，引發國際非營利組織反彈。雀巢一開始並未予正面回應，公關危機蔓延全球；後來雀巢在內部相關委員會加強管理，對外也加強產品與資訊平衡，終讓抵制活動漸漸平息。寶僑早期雖然面臨工廠大火危機，但是，反將危機變成轉機，重新設計象牙谷生產基地，用逆向工程研發並優化生產流程，成為成功的生產基礎。愛迪達早期與賽事結合的創新模式，雖然讓企業邁向高峰，但是，旗下合資公關公司所涉及的賄賂行為衍生出來的訴訟賠償，反而拖垮了整個企業，進而導致家族退出及企業日後的長期競爭力失利，不可不慎。

第3部 探索十大百年經典個案

如果本書第二部的十項修練說明，讓你意猶未盡，需要更多的案例輔助，在這個單元裡，我將以全球知名的十家百年企業為個案，帶領大家一起探索這些企業百年來所面臨的挑戰。

我從多年來研究過的百年企業中，選取其中十家經典個案。這十家企業來自不同的行業，橫跨多個國家。它們分別是——

源自德國，從技術本位起家的運動品牌：愛迪達（Adidas）
研發為本制霸百年的瑞士食品巨人：雀巢（Nestlé）
美國媒體霸主跌宕的併購之路：華納媒體（WarnerMedia）
與時代競速的德國汽車大王：巴伐利亞發動機製造廠股份有限公司（BMW）
浪漫又狼性的法國精品帝國：酩悅．軒尼詩——路易．威登集團（LVMH）
荷蘭科技龍頭的創新與轉型：飛利浦（Philips）
美日混血零售帝國的挑戰：7&I控股（Seven & I Holdings Co.）
美國消費品巨龍的組織與行銷戰力：寶僑（P&G）
屢創科學奇蹟的法美化工巨擘：杜邦（DuPont）
力拚彎道超車的美國科技藍色巨人：國際商業機器公司（IBM）

我相信許多讀者對這些百年老品牌並不陌生，而且可能比我更熟悉這些集團與它們的產業。我整理這些企業的故事，主要目的，是試圖從關鍵轉折點的角度，記錄它們所選擇的策略與效果。

每一家企業都有三個故事點，分別說明企業的三個關鍵策略轉折。每一個關鍵轉折，發展時間長短不一，因此篇幅長短並不一致。雖然三個故事點有前因後果發展順序，但你也可依照個人興趣挑選其中一個故事點獨立閱讀。

愛迪達（Adidas）

源自德國，從技術本位起家的運動品牌

愛迪達（Adidas），是由德國製鞋世家之子阿道夫・達斯勒（Adolf Adi Dassler）於一九四九年所創辦，曾是全球運動用品龍頭，也曾是德國最引以為傲的家族企業，與運動品牌彪馬（Puma）及 Arena 系出同源，也曾擁有高爾夫球品牌 TaylorMade。

截至二〇一九年，愛迪達名列全球第二大運動鞋製造商與體育用品領域的指標企業，也是全歐洲最大的運動鞋和運動服供應商，產品線多元，包含運動鞋、服飾與女性化妝品等，集團旗下擁有愛迪達、銳跑（Reebok）和 Y-3 等品牌，二〇一九年集團營收二百六十四億美元，二〇二〇年六月底，市值五百二十六億美元。

然而，愛迪達的企業歷史並非一帆風順，創辦家族曾因賄賂醜聞而重創形象，企業一度瀕臨破產，兩次被外人接手重整。轉型過程中，不但將龍頭寶座拱手讓給後起之秀耐吉（ＮＩＫＥ），運動新創品牌安德瑪（Under Armour）及露露檸檬（Lululemon）對其造成的威脅也不在話下。不過，歷經去家族化、重組上市、快時尚再造品牌等三大關鍵轉折後，愛迪達從消費零售業援引新血，重新專注產品與材質的創新研發，終於又擦亮企業品牌。

關鍵轉折I

從家族共同創業崛起 到去家族化

德國巴伐利亞自由邦的黑措根奧拉赫鎮，是愛迪達的總部所在地。愛迪達的創辦人是阿道夫・達斯勒（Adolf Adi Dassler），父親克利斯多夫・達斯誒（Christoph Dassler）是位鞋匠，母親波林娜（Paulina）則以洗衣為業。哥哥魯道夫・達斯勒（Rudolf Dassler）自小頗具商業頭腦，喜愛與人交際。

兩兄弟自小便在父親身邊打轉，對製鞋有濃厚的興趣，但隨著第一次世界大戰爆發，兄弟倆先後應召入伍，直至一九一九年德國戰敗才歸國。

戰後德國民生凋敝，工作十分難找，阿道夫因此決定創業。他憑著悟性，手藝很快就超越父親，一九二〇年在父親及為運動鞋製作鞋釘的齊倫（Zehlein）兄弟支持下創業。隨著生意愈來愈好，阿道夫邀哥哥魯道夫加入，兩人各司其職。一九二四年，兄弟倆一同創立「達斯勒兄弟製鞋廠」（Dassler Brothers Shoe Factory），即是愛迪達公司的前身。

兄弟反目成仇 拆夥另創品牌

一起創立公司後，兩兄弟的差異漸漸浮現。阿道夫不僅是鞋匠，也是業餘的田徑運動員，對他而言，「製作最好的運動鞋」是第一優先；而魯道夫曾做過工廠主管、皮革批發，以銷售為主。兩人對公司的營運出現歧見，加上妯娌不合，埋下日後反目的種子。

製鞋廠生意穩定沒多久，二戰爆發了，兩兄弟與家人經常得躲避美軍空襲，鞋廠也險些遭炮火波及。一次陰錯陽差的誤會，魯道夫被美軍認定是納粹而遭逮捕，他深信是與自己理念不合的弟弟告密；兩兄弟從此漸行漸遠，嫌隙日深，終於在一九四八年分家。

魯道夫以名字和姓氏的前兩個字母結合成 RuDa，做為鞋廠的名號，後來更名為 Puma。阿道夫也以名字的暱稱 Adi 結合姓氏，命名為 Adidas。從此，兄弟倆展開超過一甲子的競爭。

戰爭過後，歐洲各式運動興起，奧運會、世界盃足球賽等風潮使得運動市場漸漸興盛，創造出更多運動用品的需求，因此加速阿道夫研發產品的步伐。透過持續引領團隊創新，一九二〇年，阿道夫發明世界第一雙訓練用運動鞋，生產了第一雙冰鞋和膠鑄足球釘鞋，旋入型釘鞋更被視為革命性的創新，並先後獲得七百項專利。

同時間，阿道夫與魯道夫針鋒相對的競爭更形白熱化——同樣生產專業運動鞋、客群皆是運動選手，都以奧運為行銷舞台、贊助選手運動鞋。一九五二年夏季奧運時，雙方甚至贊助同一位長跑金牌好手不同場次的比賽。在兩兄弟同住的小鎮上，居民也一分為二，各自擁護愛迪達或彪馬。

一九五四年，在瑞士伯恩舉行的世界盃足球賽，愛迪達與彪馬的較量分出了高下。魯道夫所輕蔑的西德國家隊，穿著愛迪達輕量化球鞋，在不被看好的情況下擊敗強敵匈牙利奪冠，不但讓愛迪達成為全世界矚目的焦點，也將彪馬甩在背後。

一九七四年，魯道夫因病去世，阿道夫的弔唁信中仍帶有些許喜悅。四年後，阿道夫逝世，兄弟分葬遙遠。

遺孀助兒接班 重成長輕創新

阿道夫與哥哥不合，但他與妻子在經營愛迪達公司上，彼此相輔相成。阿道夫之妻凱斯（Kathe）的父親是德國知名度極高的球鞋設計師弗朗茨·默茨（Franz Mertz），與阿道夫在製鞋上是合作夥伴，也因此造就夫妻倆相遇的契機，兩人於一九三四年結婚。

凱斯在婚後成為丈夫經營公司的得力助手，擔任公司總經理，管理公司內部事務及合作運動員的簽約事宜。一九七八年，阿道夫因突發性心肌梗塞過世，凱斯繼續輔佐四十二歲的兒子霍斯特·達斯勒（Horst Dassler）管理公司，直到她於一九八四年過世後，霍斯特才正式接手經營愛迪達公司。

然而，第二代家族成員對公司經營的看法不一致。阿道夫有一個兒子、四個女兒，五名子女平分股權。四個女兒對企業經營不熟悉，加上沒有專業背景，並未參與接班。阿道夫長女英格（Ingle）的丈夫艾夫．班特（Alf Bente），在岳父過世後，原本被凱斯列為接班人選之一，繼任愛迪達公司總經理；但是，他後來染上酗酒惡習，又與妻子英格產生嫌隙，甚至多次出現決策衝突，導致日後被逐出公司。

霍斯特參與公司事務之初，曾與父母及姊妹們發生過多次衝突，原因在於對經營愛迪達公司，家族其他成員較為保守，霍斯特則較重視成長速度。為此，父親將他外派至當時營運不善的法國分公司磨練。雖然霍斯特交出亮眼的成績單，但父親求好心切的高標準，讓霍斯特與父親觀念分歧，他甚至曾想退出愛迪達。不過，凱斯最終選擇了兒子而非女婿為接班人。

開創金字塔行銷 賽事贊助成常態

霍斯特的專長為行銷，擅長利用運動贊助品牌，將品牌 Logo 在視覺上與運動員、大型比賽以及相關體育活動聯繫起來，也就是「金字塔型」三階段的行銷。

第一、透過愛迪達在研發與創新的形象，吸引許多想表現出好成績的運動員，這不僅是出於他們對高性能運動裝備的需要，更在於愛迪達的不斷革新，為想發揮高水準的選手給予實質的技術支援。

第二、透過那些登上重大比賽領獎台的運動員，穿著愛迪達的服飾頻頻在鎂光燈前出現，激發更多潛在消費者——周末探險者和業餘運動員的需要，達到關鍵的口碑傳播作用。

第三、上述兩項行銷效應，會讓運動員的品牌偏好逐漸往下滲透到一般的健身族群中，而這才是最大的消費群體。通過三方面交互作用的品牌推廣方式，加上愛迪達已具有的強大市場基礎，品牌的影響力迅速延伸至與體育運動相關的各個層面。

在霍斯特的倡導下，愛迪達成為第一家贊助運動鞋給運動員的公司，第一家與運動隊伍簽訂長期提供球鞋合同的公司，同時創辦了掌握全世界運動賽事行銷贊助的組織俱樂部（The Club）。在他正式接班後，資金贊助賽事更成為常態。

砸錢增加曝光惹議 爆賄賂毀合資計畫

一九八〇年，愛迪達的銷售額達到十億美元，市場占有率高達七〇%。公司生產一百五十種不同樣式的運動鞋，分布在十七個國家的二十四間工廠，日產量達到二十萬雙，產品銷售網絡遍及一百五十個國家。同年，西德隊第二次奪得歐洲國家盃足球賽冠軍，所有球員從頭到腳都是愛迪達。

投入大量資金與國際運動賽事合作、增加曝光的做法有如雙面刃，霍斯特在推行這項策略的過程中，飽受外界批評，指稱其資金投入與產出不相符，但他深信這項投資必能收效。

霍斯特認為，若能透過愛迪達與國際大型賽事長年建立合作關係，成立一個連結其他品牌與大型賽事贊助的媒介，將是為家族與愛迪達開源的重要管道。因此，霍斯特於一九八二年與日本電通（Dentu）合作成立國際運動與休閒公司（International Sport and Leisure，ISL），經營大型國際運動比賽的行銷曝光權轉售。當時由達斯勒家族握有五一％股份，而日本電通持有四九％。ＩＳＬ公司與國際足球總會、國際奧林匹克委員會、國際田徑總會皆有相當密切的合作關係，除了做為聯繫運動賽事與運動品牌贊助的媒介，同時也成為愛迪達品牌行銷的重要推手，在世界足壇影響力強大。

不幸的是，原先規畫要成為家族獲利管道的ＩＳＬ，在二〇〇一年因涉嫌賄賂國際足聯高級官員，而引發訴訟與巨額罰款，二〇〇一年時債務高達一．五三億英鎊，最後於二〇〇二年破產。

錯估美國慢跑商機 龍頭寶座拱手讓賢

外在考驗接踵而來。運動賽事中的高度曝光使公司市占維持平盤，然而，原本具備領先技術的愛迪達，卻低估了一九八〇年代美國慢跑鞋興起的重要趨勢。

提起美國的慢跑熱潮，要回溯至一九七〇年代美國選手弗蘭克．蕭特（Frank Shorter）在慕尼黑奧運會馬拉松項目奪冠，以及喬治．席翰（George Sheehan）出版《我跑步，所以我存在》（*Running & Being*）一書的推動開始，連當時的美國總統吉米．卡特（Jimmy Carter）都十分熱中。但是，愛迪達以滿足頂尖競技運動員的高端需要為策略，忽略了新興的休閒運動大眾市場。

愛迪達也低估了耐吉（ＮＩＫＥ）的爆發力。一九六四年，美國人菲爾．奈特（Phil Knight）在史丹佛大學念商學院碩士時，看好日本製運動鞋具有超越德國高價運動鞋的潛力，便獨自一人到日本亞瑟士（ASICS）前身——鬼塚虎（Onitsuka Tiger）談獨家代理，創立藍帶體育（Blue Ribbon Sports），一九七一年五月三十日正式更名為ＮＩＫＥ。

一九八〇年代，耐吉開始以種類眾多的產品開拓市場，推出比愛迪達更多元的鞋款。一九八四年更抓準機會，與當時十分亮眼的ＮＢＡ新秀麥可．喬丹（Michael Jordan）簽訂代言合約。後來推出「飛人喬丹」（Air Jordan）系列籃球鞋，引發全球ＮＢＡ球迷的狂熱，在三年間，北美市占率從三三％達到五〇％，迅速鞏固市場地位。

當時美國喜愛慢跑的人數高達二千五百萬～三千萬人，整天穿著慢跑鞋的也有一千萬人。然而，愛迪達卻低估跑鞋市場和新興競爭者耐吉的猛攻，加上選擇在德國本地製鞋，成本逐年提高，大量投入運動贊助又使得財務負擔雪上加霜，致使運動品牌的領導地位面臨拱手讓人的窘境。

關鍵轉折II

重組上市後 走向多角化

八〇年代之後，製鞋成本飛速增加，在德國工廠生產的產品利潤愈來愈低，愛迪達不得不從大型製造公司轉變成以市場導向為主。在管理顧問公司的建議下，霍斯特意識到要讓公司在激烈的競爭中生存，必須從公司的結構上做根本性調整，但霍斯特的身體卻在此時出了大狀況。

一九八七年，才接班三年的霍斯特，因癌症併發症去世，得年五十一歲。當時，他尚未安排子女進入公司，內部一片混亂，勁敵耐吉也在這時超越了愛迪達的北美市占率，種種危機，加上周轉不良，幾近破產，家族成員們被迫做出抉擇。

二代驟逝留難題 三代無能力銜接

當時，達斯勒家族控股人有霍斯特的兩個子女——二十七歲的姊姊蘇珊・達斯勒（Suzzane Dassler）和二十六歲的弟弟艾迪・達斯勒（Adi Dassler），以及霍斯特的四個姊姊，分得的愛迪達股權為兒女各一〇%、四位姊姊每人二〇%，亦即直系血親占股二〇%、旁系血親占股八〇%，家族股權分散。出於對股權分配和經營策略的不滿，兩姊弟認為姑姑們在糟蹋愛迪達。家族成員間爭執不斷，使得公司的營業額急遽下跌，從原本第一的市占率一路下跌，又無人能力挽狂瀾。霍斯特的四位姊姊經過討論，決定順勢將股權轉移給外部股東。三代兩姊弟苦撐未果，最後拋售了僅存的股權，轉為關注父親遺留的ISL公司。然而，ISL之後捲入賄賂與舞弊的官司，以破產告終。

一九九〇年，法國投資家貝納德‧塔皮（Bernard Tapie）接手愛迪達，他擅長將資不抵債的企業重組轉型，也經營連鎖健康食品品牌，贊助各項運動賽事與球隊，因此相當瞭解愛迪達的狀況。在愛迪達最困頓的時候，塔皮認為，只要轉型，愛迪達就有機會翻身，於是他在一九八九年向法國里昂信貸銀行（Crédit Lyonnais）貸款，以十六億法郎（約為二億四千三百九十萬歐元）買下愛迪達，並開始為期兩年的重整計畫，包括將部分生產線遷移至亞洲，擴展銷售與生產據點，重新修訂公司的商業政策和與分銷商的關係。

在市場策略上，塔皮於一九九一年將愛迪達三葉草的形象換掉，改成由三道斜槓組成的三角形。重組計畫使愛迪達在一九九三年重新開始獲利，但塔皮後來從政，進入密特朗政府擔任要職，可是，龐大的貸款利息令他分身乏術，為了償債，他決定由里昂信貸銀行協助出售愛迪達的持股。

但是，此舉卻引發案外案，一九九三年，仍在公職任內的塔皮對里昂信貸銀行提出訴訟，指控該銀行在處理轉賣業務中故意壓低價格，有欺詐之嫌。有關案件在二〇〇七年由時任財政部長的克里斯蒂娜．拉加德（Christine Madeleine Odette Lagarde，現為歐洲央行總裁）提交裁決，委員會在一年後決定對塔皮提供四．〇四億歐元賠償。

由於里昂信貸為國有銀行，此項判決引起公眾憤怒。經過八年的爭訟，法庭裁決，塔皮不該得到這筆賠償，應連本帶利歸還賠償金；而拉加德也被判怠忽職守，不過，她沒有因此受罰。

二次重組 扭虧大師重振旗鼓

一九九三年，愛迪達在里昂信貸銀行重整後，再次被賣給「扭虧大師」伯特．路易—德雷福斯（Robert Louis-Dreyfus），並由他擔任愛迪達的新任執行長（CEO）。路易—德雷福斯家族集團是巴黎的百年世家，業務橫跨造船、食品和軍工產品，他卻熱中於將瀕死企業起死回生，曾經成功救起美國製藥研究公司IMS和英國上奇廣告公司（Saatchi & Saatchi）。

路易—德雷福斯接手後，大砍虧損產線，並延攬當時被譽為行銷大師的羅勃．斯特拉塞（Rob Strasser），以及資深的設計創意天才彼得．摩爾（Peter Moore），共同經營愛迪達，這兩人曾是耐吉「飛人喬丹」籃球鞋系列的幕後推手。

愛迪達此時已形成一支優秀的新經營團隊，開始反攻市場。透過改善先前目標不明的行銷策略，按運動項目畫分的新產品定位，讓愛迪達對市場的反應更敏銳，同時以不同運動族群的消費水準開發對應的商品，助愛迪達浴火重生。一九九五年，愛迪達正式在德國法蘭克福交易所上市。

除了確立產品定位，路易—德雷福斯在任內以併購方式擴充公司的產品多樣性，也是相當重要的策略。一九九七年以十三億美元併購法國冬季運動用品商薩洛蒙（Salomon），為滑雪、高爾夫、自行車等領域增添豐富的產品。從足球專業跨足到其他運動領域，股東對愛迪達的未來以及之後的策略相當有信心。路易—德雷福斯改變了愛迪達的企業文化，以鼓勵創新與獨立思考的方式來領導，讓員工成為愛迪達的創新來源，並使員工熱愛公司。

老將接手 併購對手血戰強敵

二〇〇一年路易—德雷福斯離職退休，由赫伯特．海納（Herbert Hainer）接手其職位。海納原本在寶僑集團（Procter & Gamble，簡稱 P&G）擔任行銷經理，但出於對運動產業的熱愛，一九八七年選擇到愛迪達工作，希望實現過往的理想。海納接班之前，歷練過愛迪達許多重要職位：一九九六年開始擔任負責歐洲、非洲和中東的副總裁，一九九七年獲得董事職位，並於一九九九年加入董事會。豐富的經歷，以及擔任高層職務十五年，讓他成為繼任CEO的不二人選。

隨著千禧年來臨，世人對於健康養生的意識崛起，把休閒運動當作生活的調劑。即使全球景氣不佳，運動用品的整體市場仍然逐年成長，而其中的重點市場莫過於運動鞋。當時每年全球運動用品市場有三百三十億美元的規模，而北美洲大約占了一半。為了提升愛迪達的市占率，海納上任後的任務，就是挑戰已成為龍頭的耐吉公司。

為此，海納相中了當時在美國市占率一二．二％、排名位居耐吉之後的銳跑（Reebok）。由於整體市場不佳，導致銳跑股價下跌，使得銳跑成為海納的併購目標。併購銳跑，可取得美國一二．二％的市場占有率，再加上愛迪達原有的八．九％，將在北美市場擁有超過二〇％的市占率；而且，銳跑在中國大陸的市占率高，併購成功後連帶可增加亞洲的銷售額。綜合以上考量，愛迪達在二〇〇六年以三十八億美元高價併購銳跑。

重金購互補品牌 成效不彰

愛迪達並非第一次併購其他運動用品商，它在一九九七年買下以冬季運動用品為主的法國品牌薩洛蒙（Salomon），但併購之後造成愛迪達營運負擔，因此海納在二〇〇五年以五．九億美元低價出售，轉賣給芬蘭的冬季運動用品商艾姆（Amer）。

海納認為，與其涉足不熟悉的產品線，不如擴大本身擅長的運動鞋領域，併購銳跑，可將戰線集中，並擷取兩家公司的優勢——愛迪達在海外市場較強，而銳跑在美國的優勢較明顯。為加強聯繫溝通，解決文化差異的問題，海納每個月調查兩邊員工關切的議題，並透過親自傳達主要內部領導者訊息，增加內部員工對公司的信心。此外，針對併購後的重整計畫，海納決定保留兩家公司旗下產品的獨特性，但對於營運、外包與財務融資，則用中心化方式控管，有效降低整體管理成本。

這件併購案公開時，愛迪達股價漲幅一度逾七%，來到一百五十八・七歐元，銳跑的股價也大幅攀升了三成，高達五十七・四五美元。銳跑當時表示，與愛迪達合併後，公司的產品組合將照顧到更多客戶需要。此外，愛迪達併購銳跑後，大幅吸引運動明星們對愛迪達的注意，其對全球市場的影響力也期盼能迅速提升。

然而，股價表現只是曇花一現，這項合作後來卻成效不彰，兩個品牌定位重疊性過高，抵銷了併購成效。愛迪達的市占率一度掉至六%，銳跑更慘摔至一・八%；反觀耐吉，在二〇〇五年挾其 Jordan 籃球鞋系列，市占率從三五%爬升至六〇%，漸漸擴張市場版圖。

後來，海納又陸續犯了幾個重大錯誤，例如他的新興市場策略採重押俄羅斯，輕忽亞洲。雖然愛迪達的俄羅斯市占率遙遙領先同儕，但後來俄羅斯經濟下行，導致巨大虧損；而其他運動事業上，海納重金打造高端高爾夫球品牌 TaylorMade，然而，在二〇一四年左右，高爾夫運動市場已現發展瓶頸，海納卻未及時調整策略，更低估市場機能風與時尚風潮走向，把市占拱手讓給耐吉與安德瑪等新起之秀。重大決策錯誤導致集團老化、成長遲鈍，愛迪達股價足足低迷了十五年，德意志銀行、貝萊德等機構大股東更是罵聲不斷。

關鍵轉折III

門外漢的轉型大改造

股東不滿海納在數位化、社群行銷、行動娛樂等項目的策略都落後於競爭對手，在中國大陸的市場也被安踏、李寧等本地新興品牌蠶食市占，二〇一六年，董事會找來五十四歲的卡斯柏．羅斯德（Kasper Rørsted），擔任愛迪達全球行政總裁（CEO），期待他以更明快的策略，讓這個老品牌重新精實起來。

羅斯德是丹麥人，曾任職於美國科技公司甲骨文（Oracle）、惠普（HP），他曾長期執掌德國第二大家族企業漢高（Henkel）結構性調整成功，讓這個德國工業品、美髮、快消品的綜合集團大幅翻轉成長。

重新定位快時尚 喚醒沉睡的巨人

不過，以足球傳統為豪的愛迪達人，一開始並不完全認同他，私下譏諷他是門外漢，但這位擁有科技業和美妝品銷售經驗的足球門外漢，丟掉老臣包袱，運用減法，明快整併虧損事業。二〇一七年，他果決地賣掉高爾夫球品牌 TaylorMade，並順應消費潮流，將愛迪達重新定位為「快時尚」品牌，與大量時尚名人結合，與耐吉、安德瑪兩大對手有清楚的市場區隔；也因為他的國際操盤經驗，愛迪達才能跳脫以歐洲為主的思維，迅速開發美國與亞洲等新市場。

二〇一八年，羅斯德更宣布愛迪達將關閉部分實體門市，並投入更多資源在數位化經營。他指出，「十年前，實體門市是公司的營收驅動器；未來，網路商店將成為愛迪達最重要的店面。」於此同時，羅斯德更訂下每年二二%至二四%的淨利成長目標。

對內，他加強科技製鞋，在製程與材質上嘗試更多創新，並優化製鞋技術，以一體成型方式取代傳統製鞋技術中繁瑣的鞋件組裝過程，平均每個4D中底只需花費三十五分鐘製成，節省生產成本，也降低了對環境的汙染。

設計與行銷，則向時尚取經，融合復古與數位科技，例如二〇一八年最熱賣的復古老爹鞋，以及與饒舌歌手肯恩．威斯特（Kanye West）聯名推出的設計鞋款椰子鞋（Yeezy），都被時尚界與運動界共同認定為改變市場、改變想法、改變潮流的經典鞋品。截至二〇一九年三月三十一日為止，過去十二個月，愛迪達營收高達十八億歐元，與前一年相比增長了二六%，帶動股價屢創史上新高，半年漲幅近三〇%。

多管齊下 創造股東價值

同時間，羅斯德也更有效率地應用回購庫藏股等財務操作，以獲得更高的投資報酬。首先，他投資自己，大量購入愛迪達股票，其二〇一九年股東報酬率（ROE）就拉高至二六%，資產報酬率（ROA）也高達九．六%，超過了奢侈品業平均的五．三%。

不過，愛迪達仍需面對強勁的龍頭耐吉，以及快速竄起、緊追在後的兩個後起之秀：美國安德馬和加拿大瑜伽品牌露露檸檬。這兩個後起之秀的崛起，都受益於運動休閒（Athleisure）的穿衣風格，也就是所謂的競技（Athletic）＋休閒（Leisure）。

安德馬的創辦人凱文．普朗克（Kevin Plank），曾是美國馬里蘭州州立大學美式足球隊隊長，身為一個運動愛好者，他一直不滿於傳統棉質運動服的排汗功能，因而萌生為不同運動項目的運動員製作專屬衣物的念頭。他親自設計並尋找廠商，歷經無數打版與實驗，差點傾家蕩產，終於找到一款能快速排汗且彈性極佳的布料。一九九六年，UA品牌成立，隨即大受年輕運動族群歡迎，二〇〇五年在納斯達克掛牌，二〇一四年在美國市場的營收一舉超越愛迪達，甚至驚動耐吉。

露露檸檬成立於一九九八年，創辦人為奇普．威爾森（Chip Wilson）。在此之前，威爾森經營了二十多年的滑雪和衝浪裝備銷售公司，有鑒於過去傳統瑜伽服舒適度和設計感不足，威爾森將瑜伽服做了更多的科技元素改良，並且加入更多時尚設計元素，更重要的是，露露檸檬不僅是賣衣服，而是賣一種「瑜伽」的生活方式。對於很多女性消費者而言，與其說她們「喜歡、認同」露露檸檬，不如說是「信仰」露露檸檬代表的節制、和諧的世界觀。二〇〇六年，露露檸檬上市，十四年後股價漲逾十四倍。

啟示：以新科技、新思維應對新時代

愛迪達下一階段的挑戰仍大，身為全球第二大運動品牌，除了要設法追上耐吉，更需慎防新勁敵安德瑪，切入時尚雖然開創了品牌另一面向，但產品生命週期也會因此加快代謝，其實也是進入另一個戰國時代。未來，愛迪達將如何讓品牌以更快的速度成長，拉大與新對手安德瑪之間的差距，抑或聯合安德瑪一同夾擊耐吉，將是眾所矚目的關鍵。

以運動專業製鞋起家的愛迪達，歷經家族內鬥、破產重組，靠一個足球門外漢終於喚醒了這位沉睡多時的巨人，雖然昔日龍頭地位早已不在，全球市占率上仍大幅落後對手耐吉，但若能持續勇於以新科技、新思維應對新時代，愛迪達未來的成長勢必指日可待。

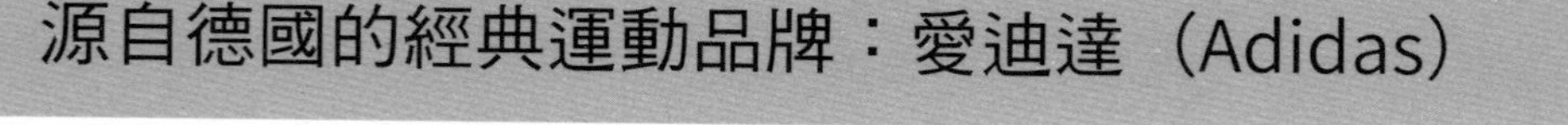
源自德國的經典運動品牌：愛迪達（Adidas）

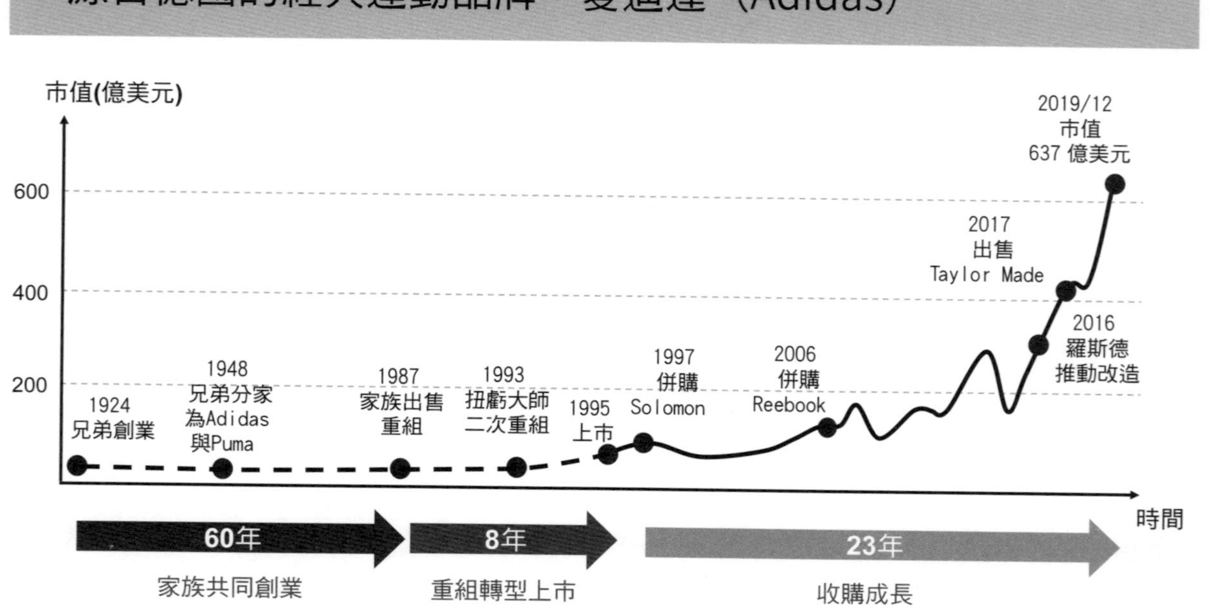
市值(億美元)
600
400
200
1924
兄弟創業
1948
兄弟分家
為Adidas
與Puma
1987
家族出售
重組
1993
扭虧大師
二次重組
1995
上市
1997
併購
Solomon
2006
併購
Reebook
2016
羅斯德
推動改造
2017
出售
Taylor Made
2019/12
市值
637 億美元
時間
60年
家族共同創業
8年
重組轉型上市
23年
收購成長

Notes

參考文獻及延伸閱讀： 1. 愛迪達官網 /2.Barbara Smit, (2007), Pitch Invasion: Adidas, Puma and the Making of Modern Sport/3. Barbara Smit, (2009), Sneaker Wars: The Enemy Brothers Who Founded Adidas and Puma and the Family Feud That Forever Changed the Business of Sports/4. 蔡鴻青、企業發展研究中心 (2016)，德國達斯勒家族：經典運動品牌愛迪達背後的六十年恩怨。家族治理評論，第七期，6-16/5. 蔡鴻青 (2019)，足球門外漢如何救了愛迪達。財訊雙週刊，578 期。

雀巢（Nestlé）

研發為本制霸百年的瑞士食品巨人

一八六六年成立於瑞士的雀巢（Nestlé）集團，由藥劑師亨利・雀巢（Henri Nestlé）創辦，以生產嬰兒食品起家，至今已有一百五十四年歷史，很早就去家族化，成為公眾持股企業。雖然曾經過度擴張，但一直以來，研發和專業經理人都是其企業治理核心。如今已成為世界食品龍頭，在二〇一九年世界五百強企業中排名第七十六名，食品業中排名冠軍，於全球八十六個國家擁有二千多個品牌，員工人數超過三十四萬名，二〇一九年營收約九百三十四億美元，二〇二〇年六月底市值達到三千二百九十一億美元。

雀巢主要業務為食品製造與銷售，產品包含嬰兒食品、瓶裝水、麥片、零食、咖啡、冷凍食品、飲料、即溶飲品、健康食品、冰淇淋及寵物食品。除了食品業務外，也投資過化妝品業，曾持有萊雅（L'Oréal）二〇％股權；同時也跨足醫療保健與製藥業，如眼部護理用品愛爾康（Alcon Lab）等事業。

雀巢是一家從歐洲小國起步的企業，從創立之初就以技術創新為本位，擁有粉末化的關鍵技術，因此歷經兩次世界大戰的難關，均能化危機為轉機，更加茁壯。然而，雀巢集團也曾在蛋白質經濟衰退，面對食安風波時處置不當，成長一度陷入瓶頸，如今每一個從基層做起的雀巢經營者，都必須學著與外部投資人共治。走過一個半世紀歲月的雀巢集團，實有許多足堪借鏡之處。

關鍵轉折Ⅰ

粉末化技術打造核心

雀巢的創辦人亨利．雀巢（Henri Nestlé），一八一四年出生於德國法蘭克福，因受政治迫害逃至瑞士。一八三九年進入藥房工作，三十歲時成為獨立的藥劑師，率先開發出有不同口味的礦泉水，並為此成立一家工廠。一八四九年，亨利進一步成立化學實驗室，由於當時瑞士家戶支出有五〇％～八〇％用於食物，亨利便將實驗室發展方向專注於食品開發。實驗室與研究中心，也成為雀巢的傳統，奠基了往後百年的創新力道。

在管理工廠的過程中，亨利發現勞工健康狀態不佳，連帶使得他們的子女死亡率很高：身為母親，面臨需要工作而無法餵母乳，或要餵母乳而無法工作的兩難處境。亨利因此希望找到一種保存母奶的方法，讓母親可以餵養孩子又兼顧工作。

經過不斷實驗，他終於在一八六七年研發出「farine lactée」，是一種以牛奶奶粉及燕麥粉末化為主要原料的米麥精產品，加水調勻後，就成為具高營養價值的嬰幼兒食品。這項食品一推出便在全西歐熱銷，而後傳至美國、拉丁美洲、俄羅斯、澳洲及印度各地，成為雀巢第一個暢銷全球的產品。

宿敵纏鬥二十多年 終以小吃大

到了一八七三年，雀巢嬰幼兒食品在全球市場供不應求，甚至常出現交不出貨的狀況。然而，蒸蒸日上的生意，卻沒有後代願意接手，一八七五年，年屆六十一歲的亨利決定退休，並以一百萬瑞士法郎將雀巢賣給當地曾任議員的朱勒斯・蒙納瑞特（Jules Monnerat）。

莫納瑞特接手後，擴大嬰幼兒食品產量，並開發新的產品線，其中包含煉乳。煉乳是美國人發明，後來傳入瑞士，由美國人查爾斯與喬治・佩吉兄弟（Charles & George Page）於一八六六年在瑞士成立英瑞煉乳公司（Anglo-Swiss Condensed Milk Company）。

雀巢當然不甘示弱，一八七七年，雀巢也推出煉乳產品，與英瑞展開競爭，產品線上相互侵門踏戶——雀巢開始生產加糖煉乳，而英瑞也推出嬰幼兒食品，甚至同時擴大銷售，並在國外進行生產。一八八二年，英瑞公司擴展到美國，到了一八九一年，英瑞在歐洲和美國已經擁有十二家工廠。

佩吉兄弟經營的英瑞規模始終大於雀巢，也比較賺錢，但由於雀巢總部位於瑞士，且產品甚具代表性，在瑞士的知名度反而比英瑞高。只是，喬治·佩吉對美國的興趣大過歐洲，致力發展美國市場的結果，讓英瑞無法在歐洲建立重要地位，以至於在喬治去世後，遺孀與兒女不願接班，於一九〇二年決議賣出美國事業，一九〇五年，接受了與雀巢的併購案。

在雙方近三十年的競爭過程中，雀巢除了於瑞士生產，也將廠房拓展至美國、德國、英國、西班牙，並加入巧克力產品線；而英瑞則發展以嬰幼兒為主的乳品以及起司等乳製品，雙方事業版圖互補。

兩家公司合併後，改名為雀巢英瑞煉乳公司（Nestlé & Anglo - Swiss Condensed Milk Co.，以下仍簡稱雀巢）。同年，蒙納瑞特的侄子愛彌爾—路易斯·勞斯（Émile-Louis Roussy）接任董事會主席（一九〇五～一九二〇年）。除了既有歐、美兩洲的生產基地，之後又在第二大原料出口國澳洲開設一間工廠，供應亞洲市場需求，雀巢至此已成為跨國企業。

一九一四年，第一次世界大戰爆發，更加速雀巢的國際化。由於瑞士總部只夠供應本土的鮮乳需求，加上運送困難，導致生產及營運成本上升，勞斯將生產轉向比較不受一戰影響的美國與澳洲，並於拉丁美洲的巴西等地設廠，到一九二一年為止，雀巢在世界各地已擁有八十間工廠及十二家子公司。

銀行家重布局 從瑞士製造到瑞士控股

一次戰後，由於戰後物價高漲，雀巢於一九二一年第一次出現虧損，因此找來銀行家路易斯・達波爾（Louis Dapples）擔任董事會主席，要讓公司財務重新上軌道。達波爾出身瑞士銀行世家。他在瑞士求學，曾於英國及義大利工作，之後前往巴西、阿根廷。

達波爾接手前，雀巢為因應戰後不景氣，全面調降產能，將生產量降至與銷售量相近的程度，以減少不必要開支，並先後關閉美國、英國、澳洲、挪威及瑞士的一些工廠。達波爾進入雀巢後，開始實行財務控管及行政改革，漸漸減少雀巢的債務，並選擇性地擴張產能，如歐洲地區及南非，同時增加新產品線，例如奶粉及沖泡式飲品美祿（Milo）等。

後來在經濟大蕭條期間，雀巢仍然發展良好，原因不僅在於銷售與生產之間控制得當，且其供應的是民生必需品，較不受景氣影響。

同時，雀巢開始邁出與主業相關的併購腳步，一九二九年併購巧克力生產商 Peter, Cailler, Kohler Chocolats Suisses S.A.，正式進入巧克力市場。然而，大蕭條造成的匯差問題，對於雀巢跨國經營業務有重大衝擊，促使公司策略轉向，從以瑞士為生產中心的模式，開始轉變為以瑞士為控股公司，在五大洲當地生產的去中心化分權組織。

粉末化技術再精進 飽賺二戰財

一九二九年，雀巢受託為巴西政府研究保存咖啡的方法。時值經濟大衰退期，華爾街股市崩盤，導致咖啡豆供過於求，價格低落，市場上有許多庫存。

雖然當時市面上已有些許晶體狀易溶咖啡及液態沖泡即飲咖啡，但都無法在短時間內完全溶解，且無法保存咖啡的香味及口感。達波爾認為這是很好的商機，便委託剛加入雀巢實驗室的化學家馬克斯．莫根特樂（Max Morgenthaler）著手進行。

經過八年研究，雀巢於一九三七年率先開發出「噴霧乾燥法」咖啡粉，讓咖啡易溶且能保留風味。其原理，是將咖啡萃取液從高處噴灑形成霧狀，再用攝氏二百五十度的熱風迅速蒸發水分，留下乾燥的咖啡粉末。這樣，咖啡粉末遇到熱水便能很快溶化，粉末體積小，也容易保存；產品不採方塊狀，而以粉末的形式推出，目的是讓每個人都可依自己口味濃淡沖泡。

不過，雖然克服技術瓶頸，推出即溶咖啡產品雀巢咖啡（Nescafé），卻未立刻大賣。同年，達波爾過世，由愛德華．穆勒（Edouard Muller）接任董事長，並且帶入全新的管理層。穆勒在一八八五年生於瑞士，由勞斯提攜進入雀巢，擔任執行祕書，並先後派駐倫敦、南美、近東等海外事業，成為單一產品經理人、地區負責人，後來回到瑞士總部任職，在達波爾過世後被選為董事長。

一九四一年，第二次世界大戰時，一度讓企業獲利從二千萬美元跌到六百萬美元，因此穆勒決定將部分的瑞士管理團隊遷至美國康乃迪克州斯坦福市，以便管理遠端市場，同時做為遭納粹占領的預防措施。

沒想到，瑞士在戰時成為中立國，德國遭受貿易制裁，反而造成瑞士的產品暢銷。另一方面，方便攜帶與保存的Nescafé，成為美軍出征時，搭配主食的飲料，讓雀巢業務隨之拓展；到一九四三年時，Nescafé單年生產量已達一百萬件，戰後更持續成長，成為雀巢最成功的產品之一，也是第一個內部產品創新成功案例；而後在一九四八年，又推出雀巢茶品（Nestea）及雀巢高鈣巧克力飲品（Nestquik）等兩大品牌。

占據重要市場地位的Nescafé，在產品暢銷的同時不斷創新技術，推出即溶純咖啡（一九五二年）、使用冷凍乾燥法的雀巢金牌咖啡（一九六五年）、即溶咖啡微粒（Full anule，一九六七年），甚至是完整芳香（Full Aroma）系列可以完全留住咖啡香味的技術。在相同的品牌下推出不同種類的產品，可兼顧各種消費者的喜好。

反觀對手麥斯威爾（Maxwell House），為一八九二年美國美食家Joe Cheek調配出一種新的咖啡配方，販售於當時名流聚集地麥斯威爾飯店。後來Cheek自行創業，把麥斯威爾變成公司的著名品牌。由於美國前總統老羅斯福曾盛讚說麥斯威爾的咖啡是「滴滴香醇，意猶未盡」（Good to the last drop），藉此打響了名號，二戰期間也是軍中指定飲品。

麥斯威爾的技術，在一九四〇到五〇年代雖然落後雀巢，但一九六四年終於也發明「冷凍乾燥法」，先將咖啡萃取液冷凍至零下四十～五十度，製成顆粒狀後，在真空下加熱，用昇華的方式去除咖啡顆粒的水分。這項技術與雀巢的噴霧乾燥法，至今仍為最廣泛使用的兩種方法。

麥斯威爾本為卡夫食品（Kraft Food）旗下品牌，與雀巢各自有競爭的立足點。麥斯威爾及其相關品牌的全球市占率一度更勝雀巢，但由於堅持高價路線，不敵眾多新興即溶飲品夾擊，又在雀巢推出破壞式創新產品——膠囊咖啡品牌 Nespresso 後無力反擊，品牌二度轉手，最後拱手讓出市占。

關鍵轉折Ⅱ

蛋白質經濟下的多角化成長

戰後經濟復甦、人口成長，一九五〇年代蛋白質經濟時代來臨，雀巢快速在全球各地擴張版圖，以及發展調理食品與即溶飲品；六〇年代，透過多起併購鞏固了原有產品品項的產業地位，同時也積極多角化經營，進入七個不同的新產品領域，包含罐頭食品、冰淇淋、冷凍食品、冷藏食品、礦泉水、餐飲業以及葡萄酒。

為執行產品多樣化策略，雀巢開始跨足其他產業，於一九七四年首先投資法國化妝品牌萊雅

（L'Oréal）。當時，萊雅創辦人之女莉莉安．貝登古（Liliane Bettencourt）為了防止被國有化，需要引進外部股東，雀巢以二．八億法郎（約三．一二億美元）買下約三〇%的萊雅股權。法國政府在批准萊雅與雀巢合作協議時，附加了限制條件：二十年之內，雙方均不得以任何方式出賣、轉讓或抵押股份。

二〇〇四年，雀巢又與萊雅大股東貝登古家族達成十年協議，規定雙方在莉莉安在世時及逝世的半年內，皆不得增持或出售萊雅股份；十年到期後，雙方有權向第三方自由出售萊雅股份。不過，截至二〇一九年十二月，雀巢為第二大股東、持有萊雅二三．二%股份。

由於七〇年代油價高漲，導致原物料價格再度上升，另一方面，工業國家成長趨緩，經濟局勢不佳，市場競爭白熱化，衝擊食品產業，使得公司的淨利率不斷下降。雀巢決定改變市場策略，以發展中國家為業務拓展重點，同時因為發展中國家的政治與經濟情勢相對不穩定，為求平衡發展，決議進行跨產業多角化經營，買下眼科護理用品的愛爾康（Alcon Lab）。

愛爾康於一九四五年成立，最初是沃斯堡的一家小藥房，以其創始人——藥劑師羅伯特亞歷山大和威廉康納的名字命名，該公司於一九七一年於納斯達克掛牌上市，一九七八年，雀巢以二．七五億美元將其納入為全資子公司。

輕忽食安議題 公關危機延燒全球

然而，在一九七七年出現了抵制雀巢的風潮，並一直持續到一九八〇年代初，讓雀巢窮於應付。一九七四年，一個名為War on Want（向貧窮開戰）的組織出版了一本小冊子《嬰兒殺手》，指控雀巢和英國聯合蓋特（Unigate）兩家公司在非洲輕率地進行對社會有害的行銷活動。

當時，有社運團體認為，雀巢透過強力的行銷方式，例如在醫院提供免費樣品，等母親與嬰兒適應產品後，自然產生購買行為，推廣以嬰幼兒產品取代母乳；但是，這類嬰幼兒產品的配方常需與水混合，而許多發展中國家的水源並不乾淨，造成嬰兒直接接觸汙染的水。有些母親則因未受教育，不知道如何依正確比例調配，有時分量過稀，反而導致嬰幼兒得不到應有的養分。再者，母乳給予的抗體與養分，無法為嬰兒食品所取代，雀巢因此遭社運團體大加撻伐。

對於社運團體的抗議，雀巢一開始並不重視，只反擊指控不實；卻引發公共關係危機，出現數個極力抵制雀巢的組織，抵制活動更迅速從美國延燒到歐洲，國際嬰兒食品行動聯盟（International Baby Foods Action Network，IBFAN）獲得數百個團體的支持。

直到一九八一年，雀巢終於正面回應：配合世界衛生組織各項要求，公司內部成立一個名為嬰兒配方奶稽查委員會（Nestlé Infant Formula audit Commission，簡稱NIFAC）的十人專門小組，並同意在產品上注明以嬰兒食品餵養嬰兒，對社會和健康的影響，還有母乳的優點。終讓抵制活動漸漸平息，IBFAN於一九八四年宣布抵制雀巢運動結束。

老臣領軍併購 鞏固產業地位

歷經食安危機的雀巢，一九九〇年，董事會選任從基層第一線做起的德國人赫穆特・毛赫爾（Helmut Maucher）接任執行長，帶領雀巢再次站穩食品業巨人的地位。

毛赫爾生於一九二七年，他從基層做起，最初是牛奶廠的商業學徒，一九五一年至法蘭克福公司任職，一路做到高階管理層，他在一九七〇年因與公司內部意見不和一度離開，兩年後又被挖角回雀巢，於一九七五年成為德國雀巢的董事長兼總經理，一九八〇年升任瑞士控股公司總經理，同時成為執行委員會的成員，並於一九九〇到一九九七年任執行長，為雀巢打造了一套獨特的管理方式。

首先，毛赫爾堅守地方分權的既有管理方式，並朝全球化邁進，同時透過多項大型併購案快速擴大企業規模。由於雀巢前二十年過度多角化經營，投資過多業務，品項雜多，毛赫爾決定先整頓內部事業部門，關閉沒有獲利的事業，並將業務發展重點放在礦泉水、冰淇淋和寵物食品。

毛赫爾當時的想法是，維持業內的領先地位，比一味地拓展企業規模更重要，企業規模應該要跟產業特點及所從事的生產活動相對應。因此，維持分權式的管理相對較有效率。同時，雀巢透過成功併購，讓許多產品品項成為市場龍頭；因為保有市場領導地位，雖然遇到激烈競爭，雀巢仍得以不斷進步。

在毛赫爾擔任執行長之前，雀巢於一九八五年收購經營乳製品、寵物食品與調理食品的美國三花食品（Carnation Company），成功進軍寵物食品業。一九八八年又收購全球第四大巧克力及糕點生產商能得利（Rowntree Mackintosh），帶入了奇巧（KitKat）巧克力，並收購義大利第三大食品廠，更加鞏固產業地位。

毛赫爾上任執行長第一年，便與通用磨坊（General Mills）合作成立子公司 Cereal Partners Worldwide，在瑞士生產穀物早餐；同時與迪士尼公司（Walt Disney）簽訂策略聯盟，讓迪士尼樂園和餐廳只銷售雀巢食品。一九九二到一九九三年，收購多家礦泉水廠商，包含法國天然瓶裝礦泉水品牌沛綠雅（Perrier）等，強化礦泉水的品項。

內部接班機制　延續擴張戰略

毛赫爾在雀巢總公司任職約十七年，在他任內為雀巢訂下明確的接班機制。毛赫爾上任之初便在委內瑞拉認識日後的繼任者彼得．包必達（Peter Brabeck-Letmathe），當時包必達是當地分公司管理者。一九八七年，毛赫爾將包必達召回總部，經過多次合作，漸漸傾向選擇包必達為繼任者。

雀巢的管理委員會，對於選任、培訓繼任者是一個重要的機制，其實，除了當年為整頓財務而雇用外部銀行家達波爾之外，雀巢的接班人都是由內部體系出線——先是擔任地方業務領導者，再接近核心，瞭解核心業務與管理，而後透過自身實務經驗，與各地管理者合作，提供發展方針，這項分權管理模式，從一九二〇年前維持至千禧年前後。

因此，包必達接任執行長時，與毛赫爾共同發表一份文件，列出幾項雀巢不可改變的原則：第一，科技不會取代品牌、產品與人和雀巢之間的重要性，不讓制度、系統統治公司；第二，分權式管理以滿足各地區的需求。

包必達延續毛赫爾的併購手段，繼續在寵物食品事業挹注資源。二〇〇一年收購美國最大的寵物食品公司普瑞納（Purina），讓雀巢一舉成為全球第二大寵物食品生產商。

健康意識抬頭 策略轉型改造

然而，經過眾多的收購行動後，包必達意識到不具策略性的收購無法永遠維持企業成長。面對全球健康意識高漲的環境，他帶領雀巢從一般食品公司的定位轉型為健康營養品公司。在這樣的戰略方針下，雀巢開始一連串的改造、轉型與升級措施：

一、二〇〇三年開始，將營養品業務升級為單一部門，同時將二〇%的研發經費用於開發營養食品。
二、另一方面，針對集團業務進行調整，二〇〇七年以二十五億歐元收購諾華（Novatis）營養部門，並以五十五億美元再從諾華手中收購嬰兒營養食品製造商嘉寶（Gerber）。
三、二〇〇八年出售有獲利但非核心事業的隱形眼鏡業務愛爾康（Alcon），諾華分兩次收購愛爾康股權，共付出五百二十億美元。
四、二〇一四年，在自由出售股份限制協議到期前，與萊雅議定以股權置換方式，將萊雅與雀巢合資的皮膚製藥公司高德美（Galderma）全數股權售予雀巢。
五、在二〇一二、二〇一三年分別出售調味和香料公司奇華頓（Givaudan）一〇%的股份，以及減肥品牌珍妮．克萊格（Jenny Craig）。至此，可見雀巢將核心動能，轉向營養與健康相關事業。

雖然雀巢在一九七〇、八〇年代曾受抵制，但包必達仍舊看準新興市場的成長動能。毛赫爾在位時，雀巢於一九八七年就進入中國大陸市場，並率先與黑龍江政府合作設立奶源基地，教授農戶飼養乳牛和採乳技術，並將其在營養品和食品加工方面，領先全球的專有技術和豐富的專業知識，轉讓給中國大陸。同時期進入中國大陸市場的各大乳業巨頭，後來紛紛退出中國大陸市場，唯有雀巢生存下來。

雀巢在九〇年代末曾收購太太樂及廣東冷凍食品公司，但後續沒有大規模地收購，一直到金融風暴後，新興市場的成長動能才又讓雀巢重啟中國大陸的戰略投資計畫，包含二〇一〇年收購雲南最大礦泉水品牌雲南大山七〇％股權（而後又在二〇一四年一月收購剩餘的三〇％股權），二〇一一年後又陸續收購廈門銀鷺食品六〇％股權，以及徐福記六〇％股權。

這些收購與一般外資收購不同，雀巢握有控股地位，但都讓當地夥伴保留少數股權繼續經營。這些大型收購，確立了雀巢在中國大陸的地位，其收購的方式無疑是複製七〇、八〇年代在歐洲、美洲的做法，只是相形之下，更為細膩，而且更確定雀巢的方向與重點。

關鍵轉折III

重新定義核心 尋找成長新動能

二〇一六年，雀巢正在為過去連續六年放緩的增長進行努力，董事會企圖改變這個現狀，最後一致決定，邀請來自醫療保健行業的烏爾夫・馬克・施奈德（Ulf Mark Schneider），自二〇一七年一月一日起擔任新任執行長。這是自一九二二年以來，雀巢首次讓一個外部「空降兵」擔任該職務。

五十歲的施耐德，過去十三年一直為德國醫療保健公司費森尤斯（Fresenius）掌舵，外界普遍認為他交出了漂亮的成績單，而這顯然是他當選雀巢新一任CEO的最大「背書」戰績之一。在他的領導下，費森尤斯從法蘭克福一家藥店，變成二十二萬名員工的公司，因而被業界稱為「瘋狂的藥店」。

在施耐德執掌的十三年間，費森尤斯聲勢浩蕩地擴張。他在二〇〇三年任掌舵時，費森尤斯的收入為七十億歐元，而二〇一五年的營收達到了二百七十六億歐元；此外，公司的利潤大幅增加，股東對於不斷增長的分紅表示滿意。當時，施耐德是這家公司的第十五位管理者。

轉型聚焦咖啡 突破停滯困境

施耐德上任後，積極推動公司健康地增長，力作就是掀起膠囊咖啡革命風潮，並利用集團資本優勢搶下市占。

其實，早在一九七〇年，就有家電業者推出濃縮咖啡膠囊的概念機種，不過，直到一九八六年，雀巢才成立子公司Nespresso（Nestlé與義式濃縮咖啡espresso兩字縮寫，中文名為奈斯派索），並與瑞士家電公司Turmix研發膠囊咖啡機，一開始設定為B2B（公司對公司）客群，販售於公司行號、酒吧，但銷售不如預期。

一九八八年後，Nespresso改變策略，走B2C（公司對消費者）路線，開零售咖啡店，獲得第一波的成功，不過，市場僅限於歐洲。

二〇〇五年，當時的CEO保羅．博克（Paul Bulcke）邀請好萊塢知名男星喬治．克隆尼（George Timothy Clooney）擔任Nespresso的廣告代言人，完美展現喝濃縮咖啡的性格與品味，廣告效果相當成功。二〇〇九年，Nespresso營收高達二十七．七億瑞士法郎。儘管第一個成功奠定膠囊咖啡商業模式的是酷哥綠山咖啡（Keurig Green Mountain）的K-Cup，Nespresso卻更家喻戶曉，甚至成為市場老大。

二〇一八年，施耐德賣掉雀巢在美國的糖果業務，以二十八億美元出售給金莎巧克力的母公司費列羅集團（Ferrero），關閉歐洲高成本的工廠，更加聚焦消費健康和高增長業務，並且進行一系列的收購，包括斥資二十三億美元收購北美維生素生產商Atrium Innovations。

其他引人關注的收購，包括五億美元對藍瓶咖啡（Blue Bottle）Coffee的收購，雀巢二〇一七年宣布收購藍瓶咖啡六八%股權，價格為四．二五億美元，估值將近七億美元（約新台幣二百一十億元）。藍瓶咖啡主打「精品咖啡」，重視顧客體驗，每杯咖啡都由咖啡師親手沖煮，不同於一般連鎖咖啡廳的風格，被稱為「咖啡界的Apple Store」，甚至在美國掀起喝咖啡如品紅酒般的「第三波咖啡革命」。收購後，雀巢與藍瓶仍以獨立方式運作，管理階層及員工維持不變。

在施耐德務實作風的領導下，之前公司的頹勢也得到了改觀。二〇一八年上半年，雖然雀巢有機銷售增長預期收窄至三%左右，但公司表示基礎營業利潤率提升，符合二〇二〇年的目標。此外，自有現金流從十九億瑞郎，上升到二十九億瑞郎，增長五二%。這也反映了，施耐德聚焦於高毛利率產品、健康食品的轉型策略，初現成效。

積極面對維權基金 化解股權大戰

施耐德重整內部時，其實，也遭逢強大的外部壓力，二〇一七年，作風強勢的維權型基金（activist investors）第三點資本（Third Point）掌門人羅布（Dan Loeb），宣布以三十五億美元買下雀巢一．二五%持股，躋身雀巢前十大股東。

雀巢發展歷史悠久，股權極度分散，主要股東多為貝萊德、領航等被動投資基金，第三點資本持股僅一．三%，為第八大持股，態度卻相當強勢。羅布不但屢屢發出公開信表達對雀巢現有績效不滿，更要求執行長施耐德明訂出二〇一八年成長目標，應賣出如萊雅等非核心相關資產，轉用於專注併購核心資產。

不過，施耐德並未將第三點資本視為敵意的「門口的野蠻人」，反而正面回應要求，自行調整兩席董事會內非食品相關經驗之董事，出售糖果業務，並考慮出售萊雅等護膚品業務，設立明確的業務成長目標。

二〇一八年五月，施耐德宣布，支付七十一．五億美元取得星巴克（Starbucks）產品的全球行銷權。星巴克的產品將透過超市和餐廳等雀巢的全球經銷網絡販售。雀巢不會從這件交易獲得任何實體資產，而是取得星巴克連鎖咖啡店以外的星巴克產品全球行銷權，等於除了現有的咖啡品牌外，再加入 Starbucks Reserve、Seatle’s Best Coffee 和茶品牌 Teavana，但不包括星巴克的瓶裝或罐裝咖啡，也不含星巴克店內銷售的產品。星巴克約有五百名員工將加入雀巢，而雀巢將和星巴克在一個品牌董事會下合作開發新品，董事會將定期開會，而星巴克必須同意以此品牌開發出新產品。

雀巢預期這項交易，將自二〇一九年起，為公司業績目標帶來貢獻。星巴克則表示，將透過這筆交易獲得的資金加速回饋股東，預估一直到二〇二〇會計年度期間，將以執行庫藏股和配發股利的形式，償還股東共約二百億美元現金；預計這項交易最晚在二〇二一年左右，會開始推升公司獲利。

二〇一九年二月二十二日，羅布公開表示對雀巢過去十八個月的經營績效表達欣慰，並表達不會爭取進入董事會。

啟示：業務分權與管理集權

創立之初便積極研發的雀巢，由於掌握「乾燥—還原」的關鍵技術，將核心產品從奶粉，拓展到咖啡和各種飲品，也透過併購同業讓營收更多元化。歷經兩次世界大戰的動盪與經濟大蕭條，不僅屢次安度，且能不斷成長，更在戰後的經濟復甦中引領了蛋白質經濟。

此外，雀巢審時度勢，不斷調整核心業務，配合經濟發展重組資產配置，並以「業務分權」與「管理集權」的模式管理全球集團，既降低了開支，又能充分運用在地資源。近代股權結構分散的狀況下，經營團隊也能正面處理市場派維權基金的要求，帶動股價在二〇一九年第三季創歷史新高。雀巢，值得企業借鏡取法。

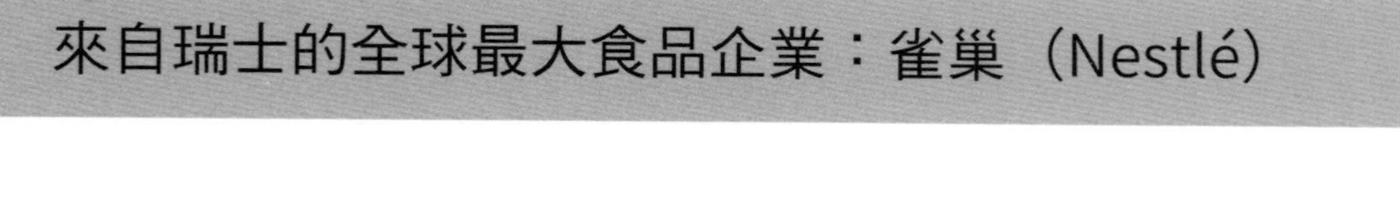
來自瑞士的全球最大食品企業：雀巢（Nestlé）

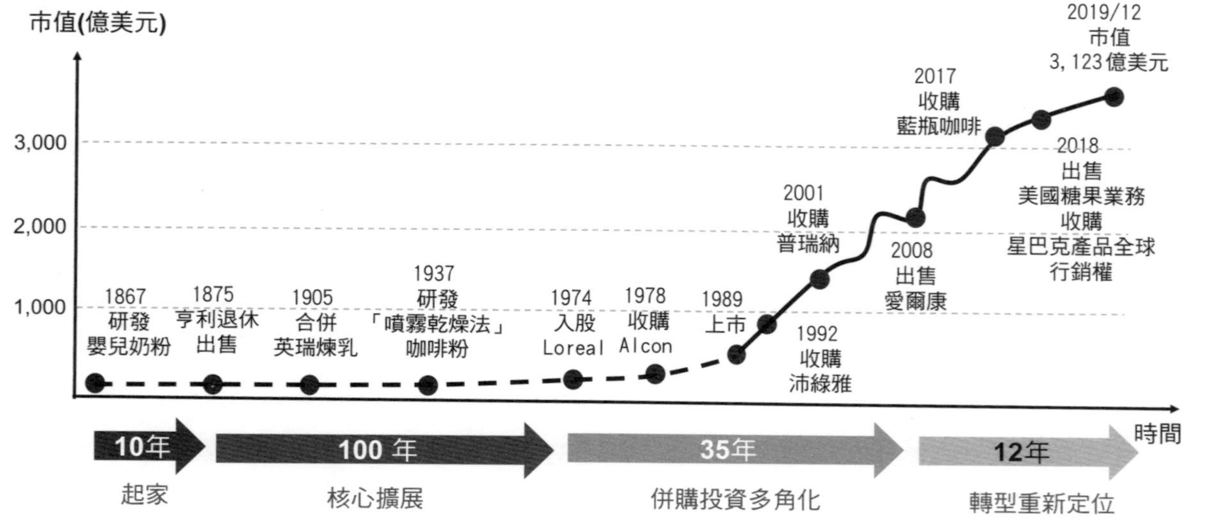
市值(億美元)
3,000
2,000
1,000
1867
研發
嬰兒奶粉
1875
亨利退休
出售
1905
合併
英瑞煉乳
1937
研發
「噴霧乾燥法」
咖啡粉
1974
入股
Loreal
1978
收購
Alcon
1989
上市
1992
收購
沛綠雅
2001
收購
普瑞納
2008
出售
愛爾康
2017
收購
藍瓶咖啡
2018
出售
美國糖果業務
收購
星巴克產品全球
行銷權
2019/12
市值
3, 123億美元
時間
10年
起家
100 年
核心擴展
35年
併購投資多角化
12年
轉型重新定位

Notes

參考文獻及延伸閱讀： 1. 雀巢官網 /2.Friedhelm Schwarz, (2002), Nestlé: The Secrets of Food, Trust and Globalization/3.Laura Klöpping, (2012), Nestlé - A Global Company Comes Under Fire/4. Peter Brabeck-Letmathe, (2016), Nestle 150 years Nutrition, Health, and Wellness/5. 韓大勇，(2012)，百年雀巢 /6. 汪若涵，(2017)，創造共享價值：雀巢「味道好極了」的經營秘訣 /7. 蔡鴻青、企業發展研究中心 (2014)，創新為本的 Nestlé。董事會評論，第六期，12-22/8. 蔡鴻青 (2019)，雀巢如何將煞星變成救星。財訊雙週刊，576 期。

美國媒體霸主跌宕的併購之路

華納媒體（WarnerMedia）

華納媒體由華納四兄弟草創，但因家族內訌，歷經轉賣併購後，如今為美國電信業龍頭AT&T所併購，定名為華納媒體。

從電影起家的華納，經營內容產業近百年，領域涵蓋電影、電視、音樂、雜誌、圖書、漫畫，因此經常成為垂直或異業整合的目標。華納發行過許多賣座電影與音樂作品，包括《哈利波特》系列和《魔戒》三部曲、有線電影頻道家庭票房（Home Box Office，簡稱HBO），更是華納的金雞母。此外，歷久不衰的超人、蝙蝠俠、神力女超人等英雄人物，也都出自旗下DC漫畫出版公司的原著作品。

華納發起數次重要併購，其中，以一九九〇年，時代公司（Time Inc）和華納傳播公司（Warner Communication Inc.）的合併最具代表性，而併購網際網路服務供應商美國線上（America Online，AOL）則最具爭議。時代華納時期，它曾是全球規模最大的媒體集團，而今被康卡斯特與迪士尼搶過鋒頭。

從家族企業到去家族化，再加上兩次史上最具爭議的併購，華納的每一次併購與分拆，都反映了內容製作產業的困境及企業找出路的韌性。如今，外界也很期待，重新出發的華納媒體，能否力抗影音串流平台的破壞式創新，再次守住媒體霸主地位？

關鍵轉折I

創業兄弟從分工到分崩

一八八九年，七歲的波蘭移民哈利・華納（Harry Warner）全家來到美國巴爾的摩；進入新世紀後，三弟山姆・華納（Sam Warner）學會操作及修理電影放映機，並到芝加哥當電影放映師；一九〇三年，山姆和大哥哈利、二哥亞伯特・華納（Albert Warner）到煤礦城鎮放映電影。

當時，正逢美國興起「五分錢電影院」，三兄弟於是在一九〇五年開了電影院，由山姆負責放映，哈利向片商租借電影，亞伯特管帳。雖然電影院營運良好，但哈利旋即意識到發行商才能賺大錢，因此在一九〇七年把電影院賣掉，前往匹茲堡成立杜肯娛樂供應公司（Duquesne Amusement & Supply Company），也就是華納兄弟影業公司（Warner Brothers Pictures Inc.）的前身。

經營理念不合 兄弟漸行漸遠

么弟傑克．華納（Jack Warner）此時也加入三名兄長的事業；一九一八年，四兄弟在好萊塢日落大道成立了華納兄弟製片廠，由山姆及傑克負責製作電影，哈利及亞伯特在紐約處理財務和發行事宜。之後，傑克結識了銀行家莫特利．弗林特（Motley Flint），說服他成為華納兄弟的主要金援。在弗林特資助下，杜肯娛樂供應公司與華納兄弟製片廠於一九二三年合併為華納兄弟影業公司。

四年後，山姆因腦溢血過世，傑克成為製片主管。他開始投入技術創新，使華納兄弟影業成為第一家製作、發行有聲電影的公司，先後推出了知名電影，例如《爵士歌手》、《歌唱傻瓜》，使得華納兄弟成為重要的電影製作公司。

為了在拍片時有音樂可用，傑克於一九二九年成立音樂出版公司（MPHC），購買音樂的著作權；隔年，再買下Brunswick唱片公司，成為華納兄弟唱片公司（一九五八年成立）的前身。

Brunswick是一家成立於一九一六年的美國唱片公司，賣給華納兄弟公司後，專門收錄華納兄弟電影中的錄音，量身訂做的插曲、主題曲等，成為電影原聲帶的濫觴。

大哥哈利和么弟傑克同為華納兄弟公司的靈魂人物，但兩人相差十一歲，且個性頗有差異。哈利恪守猶太教規，傑克則熱中追求在娛樂產業的發展；傑克為人冷酷，哈利則恰恰相反。彼此互不認同，自從老三山姆與父親班哲明相繼過世後，兩兄弟漸行漸遠，只維持事業夥伴的關係。

兄弟關係不好，傑克的家庭也有狀況，他和元配離婚時，兒子小傑克．華納（Jack Milton Warner）不諒解父親，因此父親在一九五八年發生車禍，昏迷幾個月的期間，小傑克就逕自向媒體宣稱父親已經去世；沒想到，後來傑克奇蹟似地復原，他認為這是難以原諒的背叛，重回公司後立即解雇兒子。

上市前夕 么弟突襲變天

一九五六年五月，華納兄弟影業決定將公司上市，兄弟原本說好各自出售持股，但傑克暗中成立由銀行家塞爾吉．賽門連科（Serge Semenenko）管理的財團，買下約八十萬股在外流通股數（約九成），接著他再向財團買回二十萬股。六月時，傑克成為華納兄弟最大持股人（將近四分之一），並任命自己為新總裁，哈利發現時已無力回天。

傑克年齡漸長，加上產業環境變遷，因此在一九六六年將持有的華納兄弟影業及華納兄弟唱片股份，以三千二百萬美元轉賣給加拿大父子艾略特與肯尼斯．海曼（Eliot & Kenneth Hyman）的七藝影業公司（Seven Arts Produtions）。華納兄弟影業更名為華納兄弟—七藝影業公司，傑克續任公司總裁，但隔年轉任副總裁，獨立從事製片。然而，三年過後，海曼父子以六千四百萬美元將持有的華納公司股份，全數賣給金尼全國服務公司（Kinney National Services Inc.）。

二次轉手異業 家族完全退出

出面接手華納兄弟—七藝的金尼全國，是一九六六年由金尼停車場公司與全國清潔承包公司（從事辦公室清潔）合併而成，總裁為史蒂夫．J．羅斯（Steven Jay Ross）。

羅斯家境貧寒，為謀生曾當過海軍，娶了當時美國最大的殯儀館老闆女兒後，他說服岳父讓他在晚上出租喪禮上的豪華轎車，因而賺了不少錢，進而成立一家轎車租賃公司。與知名的黑道人物曼尼．卡莫爾（Manny Kimmel）所經營的金尼停車場公司合併後，於一九六二年掛牌上市，由羅斯擔任金尼全國的總裁。他很想將金尼全國的版圖跨足到媒體，先後買下全國期刊公司（National Periodical Publications）——也就是後來創造巨大利潤的DC漫畫和艾許利經紀公司（Ashley Famous Agency）等。

在艾許利經紀的創辦人泰德．艾許利（Ted Ashley）建議下，羅斯從加拿大海曼父子手上，買下華納兄弟—七藝全數股權；羅斯任命艾許利為新總裁。艾許利上任後，將公司名稱改回華納兄弟影業公司；但是，傑克．華納卻於此時決定退休，華納家族成員完全退出。

羅斯以豐厚的財務激勵和不干涉的管理風格，讓被併入的華納員工對他產生很高的忠誠度。

知名導演史蒂芬・史匹伯（Steven Spielberg）的電影《辛德勒的名單》，就是依據羅斯的外形與舉止刻畫主角辛德勒，史匹伯還在片頭將此片獻給羅斯。

不過，金尼全國卻於一九七二年爆發財務醜聞，被迫將華納切割出去，娛樂相關事業改名為華納傳播公司，也開始跨足其他產業，例如買下電視遊戲公司雅達利（Atari）與六旗主題樂園（Six Flags）。

但是，一九八三到一九八四年，雅達利又遭逢電視遊戲產業蕭條，損失超過五億美元。華納的股價，從六十美元跌至二十美元，經營一度出現危機，引來媒體大亨魯柏・梅鐸（Rupert Murdoch）的興趣，他在一九八四年出手，欲以公開收購華納公司七％的股份；不過，遭羅斯成功阻擋。

擋下梅鐸的收購後，羅斯將雅達利賣給電腦遊戲大亨、Commodore 創辦人傑克・特拉米爾（Jack Tramiel），終使華納公司回穩。

關鍵轉折Ⅱ

史上兩大爭議併購案

時序來到一九九〇年代，由於經濟大幅度成長，加上政府放鬆政策管制，美國掀起第五次併購浪潮，並於一九九六年《聯邦電信法案》頒布實施後達到巔峰。這是美國《通信法》頒布六十多年來的重大改革，首次將廣播電視頻道的管理和頻譜分配納入規管。

不過，這波併購潮中，企業間開始尋求平等互利，防止惡性競爭帶來的惡性循環，主要方法是透過策略兼併來分擔風險及成本。

時代公司是一九二二年由亨利・魯斯（Henry Luce）於紐約創辦的出版社，出版超過一百多種雜誌，其中，最著名的是《時代》（*TIME*）、《生活》（*Life*）、《運動畫刊》（*Sports Illustrated*）、《財富》（*Fortune*）、《時人》（*People*），以及HBO（家庭票房）頻道等。

一九八七年五月，時代公司總裁尼克・尼可拉斯（Nick Nicholas）和執行長兼董事長理查・蒙羅（J. Richard Munro）認為，全球市場已傾向用合併、購買，以及合資經營方式，達到具競爭力所必要的規模。時代管理高層也明白，再不採取行動，馬上就會落後於人，或被兼併；但又堅持保留時代企業文化的獨立性。經過評估後，他們選定華納為合併對象。

跨業併平面媒體 市場派趁虛而入

時代是當時全球最大的平面媒體公司之一，而華納則是綜合性的跨國娛樂公司，兩者合併，代表影視節目產製商與出版商的跨業連手，能夠去除原有的經營壁壘，往多元產業發展，利用彼此的優勢，創造更大利潤，也顯示在外在環境驅使下，企業尋求跨業「交叉經營」的組合型態。

經過近兩年的磋商，時代和華納在二〇〇〇年協議以換股的方式「合併」，成為時代華納公司。由於未涉及現金或銀行融資，沒有債務問題，因此雙方認為這是對等合作的合併，而非併購。

合併後的時代華納，由原時代執行長兼董事長蒙羅擔任董事長，與華納執行長羅斯共同擔任董事長和執行長。一九九〇年五月，蒙羅退休後，由尼克・尼可拉斯接任他的位子。

從公司名稱排序和人事來看，是時代買華納；事實上，卻是華納人馬掌握大權，所有重大的決定都由羅斯來做。尼可拉斯雖是共同執行長，實際權力卻不如頭銜一樣大。

在時代與華納宣布合併的那年夏天，華納的競爭對手派拉蒙影業（Paramont Communication）發動惡意收購，企圖取得對時代公司的控制權。當時，時代的股價是每股一百二十五～一百三十美元，派拉蒙董事長馬汀・戴維斯（Martin Davis）開出每股一百七十五美元高價；但是，時代認為戴維斯是道德敗壞的暴發戶，拒絕被派拉蒙併吞。之後，派拉蒙又將價碼提高到每股二百美元。為了將公司從戴維斯的手裡救出來，時代只能馬上與華納合併，但手上現金不足。

收購價遭拉抬 深陷財務漩渦

基本上，兩家公司的合併要經過股東投票，但時代的散戶股東不可能拒絕派拉蒙每股二百美元的出價，也不會同意用現金買下華納。因此，時代高層未徵得股東的同意，便逕行與華納在一九九〇年換股，然後各自舉債，收購彼此在外流通股數，雖然一舉成為當時世界上最大的媒體娛樂公司，卻也為此背負了一百一十五億美元貸款。

派拉蒙和部分對時代公司高層決策不滿的股東，為此興訟，但後來遭法院駁回。法官表示，時代公司的經營宗旨並不完全是為了經濟（股東）利益，允許他們本著誠實原則為公眾服務。

然而，合併結果並不如預期。時代最初的計畫是把兩家公司合併為單一股份公司，卻因受派拉蒙惡意收購影響，致使時代華納背負沉重的債務，也讓後來上任的執行長傑拉德・拉文（Gerald M. Levin）陷入財務漩渦。

債台高築 重壓有線電視

拉文早期大部分的職涯都在時代系統，一九七三年，時代生活併入HBO時，他成為HBO的總裁，曾帶領HBO成為當時美國成長最快的付費電視服務商，因而在一九八四年成為時代副董事長。時代與華納合併後，他擔任營運長，並於一九九二年成為時代華納的執行長。

九〇年代，有線電視的普及，讓拉文發現不能再只是生產「內容」（content），還要在「傳輸」上領先，因此他開始研究通路（channel）。一九九四年十二月十四日，拉文耗資數十億美元要建立ＦＳＮ全能網（full service network），希望打造成「世界上第一個通過光纖和同軸電纜網絡整合新興的有線電視、計算機和電話技術的網絡」，卻因為科技技術尚未成熟、沒有客戶需求，不久後宣告放棄。

一開始，拉文沒注意到仍在成長的網際網路，堅信有線電視才是未來，因此從一九九〇年代初期到中期，每年花費數十億美元，經營時代華納有線電視（Time Warner Cable）。到了一九九五年，時代華納已經擁有一千一百五十萬個有線用戶。

此刻，時代華納債務已高達一百五十億美元，無力繼續投資。一九九五年，不論是華爾街或是股東，都對拉文失去了信心。因此，拉文決定孤注一擲，把公司押在與ＣＮＮ的母公司——特納廣播（Turner Broadcasting System）的併購上。

一九九五年，迪士尼以一百九十億美元買下美國三大廣播電視之一的美國廣播公司（ＡＢＣ），成為全球最大的傳媒娛樂公司。有鑑於此，隔年十月，拉文也宣布買下特納廣播七八・一％的股份，以鞏固公司的地位。

值得一提的是，梅鐸擔心時代華納收購特納廣播後，影響梅鐸的新聞集團（News Corporation）的市場地位，也於同時提出收購時代華納和特納廣播的提議，但後來因為公司財務出了問題，而以失敗作收。

錯失網路先機 急就章併在高點

一九九三年一月，就在拉文開始推動ＦＳＮ計畫近兩年前，一位電腦工程師馬克・安德森（Mark Anderson）推出名為網景（Netscape）的瀏覽器，不管在什麼作業系統下，該瀏覽器都能提供一樣順暢的使用經驗，顛覆了過去網際網路的使用模式。一夕之間，拉文重金打造的有線電視網和全能網宣告過時無用！網際網路（interent）成了未來傳播產業的主戰場。

一九九五年八月九日，網景公司上市，當天股價由每股二十八美元漲到七十四・七美元；同一天，時代華納的股價僅收在四十三美元。身為全球媒體娛樂產業巨人的執行長，拉文的表現實在乏善可陳。股價低迷之際，自然又吸引了有心人士——美國線上（ＡＯＬ）的關注。

當時，連網服務廠商成長快速，美國線上是全球首屈一指的網際網路服務供應商，但旗下沒有實體資產。執行長史蒂芬・凱斯（Steve Case）擔心客戶終究會摒棄他們的手動撥接服務，轉而採用電信公司的固網。他認為，只要能吸引用戶下載流量大的影音內容，肯定會要求高速的寬頻網路，因此只要能夠控制內容，美國線上的未來就有希望。

當時，美國線上股價扶搖直上，擁有巨大的市場資本，幾乎可以買下任何想買的公司，於是看上全美第二大媒體娛樂公司時代華納。一九九八年，美國線上執行長凱斯向時代華納執行長拉文提出併購的想法，並保證讓拉文擔任新公司的執行長，自己只任董事會主席。不過，凱斯認為，美國線上要占新公司六五%的股份，時代華納占三五%；但拉文認為，併購的交換比例應該建立在年收入和現金流的基礎上，亦即時代華納的股東應占有八五%的股份。此外，最大股東泰德·特納（Ted Turner，特納廣播創辦人）懷疑網路的價值，他對買下國家廣播公司（NBC）的興趣，遠大於美國線上，併購只好暫時擱置。

但沒過多久，美國線上的股價就漲了五成，時代華納的股價則幾乎文風不動，這讓拉文產生了危機意識。美國線上此時的市值差不多是迪士尼的三倍，比麥當勞、百事可樂、雅虎（Yahoo!）、時代華納都值錢，每股高達九十美元。拉文開始覺得凱斯的提議非常大方。此時，時代華納總裁史蒂夫·羅斯因罹患癌症漸漸淡出經營，重要決策逐漸交由拉文主導。

董事會失能 三天拍板隔日暴跌

一九九九年十二月十三日，拉文向美國線上提議雙方各占五〇%，但因美國線上的股價來到歷史高點，凱斯提出六比四。為了挽救時代華納，拉文決定接受併購。他告訴凱斯，可接受占新公司四五%的股份，但不能再少。二〇〇〇年一月七日，他們決定在消息傳出去之前盡快完成併購，因為一旦併購的消息走漏，公司股價會大幅變動，如此一來，交易成功率會下降。

因此，兩家公司在一月九日同時召開董事會，討論這樁併購案。時代華納的董事在會前幾乎未獲知任何消息，但因十三席董事中有六席經常支持拉文，他等於掌握了董事會。至於美國線上這邊，董事會只開了兩小時就結束，其餘時間都在等待時代華納董事會的結果。

雙方結論完全按照拉文和凱斯的規畫，美國線上持有新公司五五％的股權，時代華納持有四五％。兩家公司在新董事會中擁有相同席位，美國線上和時代華納各八席。

隔日，拉文和凱斯對外公布合併案，新公司名稱為美國線上時代華納（AOL Time Warner），旗下的雜誌、有線電視和電影，每月觸及的閱聽大眾高達二十五億人次。美國線上準備將舊媒體帶入網際網路時代，按照公司高層的預言，第一年就能從四百億美元的銷售額中，賺取至少三〇％的利潤。

但就在併購宣布的隔日，華爾街紛紛大幅下修美國線上的目標價和評等，股價也在一天內暴跌一〇％，三天內下跌一四％。從二〇〇〇年三月中旬開始，美國網路股的泡沫終於破滅，十二月十四日，聯邦政府批准這樁世紀併購案時，美國線上股價已經下跌三四％，時代華納也下跌了二三％。

美國線上股價下跌引發諸多質疑，過程中，連時代華納的管理階層也在問，這場合併是否應該打住？但到了二〇〇一年一月十一日，兩家公司的併購程序還是完成了，超級怪獸「美國線上時代華納」問世，但股價腰斬至四十七美元，市值僅一千零六十億美元，比併購前縮水了七百五十億美元。

合併後的第一份季報中，新公司的利潤僅僅增長了九％，財務數據開始令人擔憂，廣告和電子商務銷售也明顯下降。二〇〇二年五月，公司當季虧損達五百四十億美元，創史上新高，這樁交易也被稱為史上最糟的併購。

關鍵轉折III
數位潮流下的分拆減債

二〇〇一年十二月，被CNBC（Consumer News and Business Channel，消費者新聞與商業頻道）稱為「美國史上最差執行長」之一的拉文宣布即將退休，並由集團總裁理查・帕森斯（Richard D. Parsons）接任美國線上時代華納執行長。

帕森斯是律師出身，曾為創辦標準石油公司的洛克斐勒家族第三代大衛・洛克斐勒（David Rockefeller）打理事業，參與過在摩根大通銀行一連串的銀行整併，戰果豐碩。一九九一年，在洛克斐勒的推薦下，史蒂夫・羅斯邀請帕森斯加入時代華納董事會，一九九五年成為公司總裁，並於二〇〇一年拉文退休後，接下重整的重擔。

為了減輕債務，二〇〇三年中，帕森斯開始出售非核心資產，其中，包括華納音樂、NBA的亞特蘭大老鷹隊（Hawks）和NHL的亞特蘭大鶇鳥隊（Thrashers）。同年九月十七日，宣布將「美國線上時代華納」的公司名稱改回「時代華納」。

二〇〇四年初，賣座系列電影《哈利波特》與《魔戒》帶動時代華納的總體收入增長六%，但美國線上仍然是拖累集團的負擔，二〇〇四年底，集團債務仍高達總資產四分之一。

分拆資產還債 只留三金雞母

帕森斯的接班人傑克・比克斯（Jeffrey Lawrence Bewkes）於二〇〇八年上任。比克斯一開始在花旗銀行做企業放款，加入時代華納後，在子公司NBC、HBO擔任財務主管，任內讓HBO利潤增加兩倍；二〇〇五年，直接對帕森斯報告，並於二〇〇八年接下帕森斯未竟事務。

比克斯上任後，繼續分拆經營不佳的部門、裁減員工，降低營運成本，只專注於獲利部門。

一、賣時代華納有線電視，但過程幾度波折。一度與康卡斯特宣布合併，但監管單位認為有壟斷市場的疑慮，而被迫取消交易。直到二〇一五年，才由美國第二大有線電視商特許通訊公司（Charter Communications Inc.）收購時代華納有線電視，算上承擔的債務，收購價達七百八十七億美元。

二、賣美國線上。二〇〇九年十一月二十七日，比克斯宣布將分拆美國線上，結束這段史上最糟的企業聯姻。根據協議，AOL身價約為三十五億美元，但光是找買家就拖了六年，直到二〇一五年，美國大型行動電信商威訊無線（Verizon Wireless）才宣布收購美國線上，再與二〇一六年收購的雅虎網際網路業務合併，組成新公司「Oath」。

三、剝離時代。時代多年銷售負成長，成為時代華納的沉重包袱。比克斯將時代分拆，專注於出版業務，以專注於電視和電影。二〇一四年六月，時代在紐約股票交易所上市。

剝離上述事業體後，時代華納的業務只剩下三大部分：

一、特納廣播公司：包括透納電視網、TBS電視網，以及有線電視新聞網（CNN）、卡通頻道等。

二、HBO付費電視頻道：包括HBO和Cinemax，為時代華納最賺錢的業務。

三、華納兄弟娛樂公司（Warner Bros.Entertainment Inc.）：旗下包括華納兄弟影業、DC漫畫公司、華納兄弟遊戲、CW電視台等。

數位匯流年代 業者各出奇招

不過，梅鐸又來了。二〇一四年七月，從新聞集團分拆出來的二十一世紀福斯公司（Twenty-First Century Fox），宣布要以每股八十五美元，總價八百億美元收購時代華納，其中，四百億美元是支付給時代華納股東的現金，另外四百億美元則用二十一世紀福斯的股份支付。這也是二十一世紀福斯董事長兼執行長梅鐸第三次對時代華納出手，若此交易成真，在當時就會寫下史上媒體與娛樂業交易金額第二高紀錄，僅次於美國線上在二〇〇〇年以一千八百一十億美元收購時代華納案。

但是，時代華納再次拒絕了梅鐸的提議，主因是二十一世紀福斯出價太低，另一原因是他們另有屬意的對象——電信巨擘AT&T。

傳統上，電信產業被歸類為搖錢母牛（Cash Cows），市場占有率高，卻難有高成長。但是，二〇一〇年後，數位匯流大趨勢襲來，電商龍頭亞馬遜（Amazon）跨足影視服務，影視串流平台網飛（Netflix）對傳播模式的破壞式創新，讓電信業者不能再只做基礎通訊服務提供者，他們要讓自己變成媒體（media）。

二〇〇九年底起，有線電視、寬頻網路與電話服務供應商康卡斯特公司開第一槍，收購娛樂傳媒NBC環球（NBC Universal Inc.）。二〇一四年二月，再宣布準備收購時代華納有線電視；但在主管機關反壟斷的暗示下，被迫放棄。

康卡斯特是美國最大固網電話及行動通訊電信商AT&T的強勁競爭對手，大動作整併，讓AT&T執行長蘭德爾．史蒂芬森（Randall Stephenson）備感壓力。為此，史蒂芬森也在二〇一四年五月宣布買下美國最大的衛星電視供應商Direc TV，以提高在付費電視領域的市場占有率，同時也準備跨足內容產業。

史蒂芬森為財務專家，奧克拉荷馬州立大學碩士畢業後，就到西南貝爾電話公司（Southwestern Bell Telephone Company，經多次併購改組為ＳＢＣ通訊公司）任職，負責國際業務與財務。二〇〇一年，他成為ＳＢＣ通訊的財務長，幫助該公司將淨債務從三百億美元打消到零。二〇〇四年，他被任命為ＳＢＣ通訊的首席執行長。二〇〇五年，ＳＢＣ通訊與ＡＴ＆Ｔ合併後，史蒂芬森繼續擔任首席執行長，面對更棘手的業內競爭。

當時，業內併購動作愈來愈頻繁。行動通訊業者威訊為了從電信服務商轉型成媒體集團，陸續收購新銳《赫芬頓郵報》（*Huffington Post*）、TechCrunch、Engadget，以及從時代華納分拆的美國線上和雅虎。威訊並推出自家行動影音App「go90」，提供體育和短片等原創內容。

而康卡斯特的目標是轉型成媒體內容供應商，二〇一六年八月，旗下的ＮＢＣ環球再買下夢工廠動畫公司（DreamWorks Animation SKG Inc.）。

面對對手頻頻出招，ＡＴ＆Ｔ的史蒂芬森若要收購具吸引力的大媒體公司，並不容易——特別是ＣＢＳ電視網和維亞康姆傳媒（Viacom）控制在雷石東（Redstone）家族手中；迪士尼的市值則高達一千五百億美元，大到難以收購。

因此，史蒂芬森只有兩個方向，一是大型國際收購，一是大規模的內容合作。最終，ＡＴ＆Ｔ鎖定時代華納。交易完成後，預期可靠電視和媒體貢獻超過四〇%營收，有助於業務多元化，跳脫行動通訊市場的紅海廝殺。

二〇一六年十月二十二日，史蒂芬森宣布AT&T以每股一〇七．五美元的價格併購時代華納，包括時代華納二百四十億美元的債務在內，併購案總價高達一千零八十七億美元，硬是比梅鐸出價高了一．三六倍。

聯姻的核心密碼　內容與電信綜效

AT&T的提親，其實，正中時代華納下懷。

一、角色互補：二〇一六年之際，時代華納的用戶較五年前少了五百萬戶。原生娛樂影音內容，從傳統的電視和電影，轉移至Netflix和YouTube等串流影音平台，而AT&T的一億三千萬行動通訊用戶，正是時代華納影視內容的最佳出海口。

二、精準行銷：除了播送傳統的內容，擁有龐大用戶數據的AT&T也可以讓時代華納更加精準地推播廣告，讓消費者及廣告商雙雙獲利。

三、財務健全：時代華納旗下擁有諸多內容供應子公司，而內容開發的資金需求較大。AT&T不論在固網、行動通訊，或者資金投入的條件上，都能滿足時代華納的需求。

兩家公司的董事會皆滿意這筆交易，但市場卻不認可。在史蒂芬森宣布收購時代華納的第二天，時代華納股價下跌逾三%；分析師指出，AT&T的負債有可能因此接近二千億美元。另外，時代華納二百四十五億美元的債務，也會轉嫁到AT&T頭上。

然而，美國司法部對此交易提出反壟斷訴訟，聯邦法院召開為期六周的庭審。史蒂芬森親自出庭，堅定地指出，收購時代華納，能夠獲得針對數位廣告的觀眾所需的信息。愈來愈多客戶放棄昂貴的有線和衛星套餐，往多屏的串流服務靠攏，AT&T和其他無線電信公司都需要找到新的收入來源。

與法庭抗辯的同時，二〇一八年六月，AT&T與時代華納完成併購，從紐約證交所下市，《華爾街日報》對此的評論為「史蒂芬森已將他所『繼承』的電話公司，轉變為世界上最大娛樂公司。」二〇一九年二月，美國上訴法院正式批准這項交易，司法部不再上訴。時代華納併入AT&T後，更名為華納媒體。

AT&T與華納組成綜合集團，但市場飽和、成長不力的挑戰也接踵而來。為了因應更激烈的產業大戰，華納媒體將業務重整為四大塊：娛樂、新聞與體育、華納兄弟、銷售與國際，並透過AT&T的技術能力，加強廣告投放與精準行銷業務。

此外，華納媒體新增了投資部門（Warner Media Investments），瞄準具有創新服務、增強現有產品、關鍵研發、開拓新市場能力的中早期新媒體和娛樂公司，例如體育文化網站 Bleacher Report、在社群平台 Instagram 上暴紅，能拍出四到五秒特殊效果微影片的 Boomerang App，都屬華納媒體旗下。

串流新模式 產業生態重洗牌

華納與AT&T雖然成功完成垂直整合，卻也讓周邊併購戰愈來愈短兵相接。迪士尼將重點放在影視串流生態圈，二〇一九年初，已擁有Hulu三成股份的迪士尼，準備向AT&T收購其手上Hulu的一〇%股份，也向擁有三成Hulu股權的二十一世紀福斯詢價，準備將其在Hulu的持股率一舉拉高到七〇%。娛樂產業周刊《Variety》指出，如能成為Hulu的頭號股東，迪士尼更有動力投資並推動國際化。

迪士尼對Hulu的重視，凸顯了對手的焦慮。米老鼠傳媒帝國和華納一樣，也受到以Netflix為首的串流媒體平台挑戰。Netflix從二〇〇八年正式推出線上影音串流服務後，便異軍突起，市值突破千億美元，成為傳統媒體最大對手，在十年間改變了電視產業生態，如今連電商龍頭亞馬遜（Amazon）也悄悄布局影視頻道。二〇一九年十一月，迪士尼推出專屬的影音平台Disney+，成為華納媒體的新勁敵。

另一方面，從電信商轉變為媒體商的AT&T集團，仍須時間取得市場認同。對內容產製商（華納）而言，被電信商（AT&T）收購，應是面對激烈競爭的解方之一；但對於AT&T的股東，卻可能不是。史蒂芬森從二〇〇七年就擔任ＡＴ＆Ｔ董事會主席兼執行長，在位超過十二年，華爾街最強勢的維權基金艾略特管理公司（Elliott Management Corp.），於二〇一九年九月公開批評史蒂芬森的多角化收購策略，並呼籲出售部分資產，否則將建議ＡＴ＆Ｔ任命新董事。無獨有偶，業界也盛傳威訊可能受到壓力，須出售曾被視為媒體明日之星的《赫芬頓郵報》，可見華爾街仍看壞內容產業前景。

啟示：積極國際收購，大規模內容合作

華納媒體擁有最受歡迎的付費電影頻道ＨＢＯ、全美新聞網收視第一的ＣＮＮ（有線電視新聞網）、全球最老牌的卡通頻道（Cartoon Networks），以及華納兄弟製片所有賣座電影智財權（ＩＰ），例如《哈利波特》、《黑暗騎士》、ＤＣ漫畫等，卻仍不敵數位匯流時代的衝擊。人們的閱聽管道與娛樂模式，在二十一世紀出現天翻地覆的轉變，又有異業龍頭挾其龐大科技力量與充沛資本跨界搶市，讓傳媒經營模式到了生死存亡的關鍵。

儘管如此，消費者對「娛樂」、「內容」的需求永遠不會消失，差別僅在於觸及管道的變化，因此，華納與ＡＴ＆Ｔ的結合，能否開創新的經營契機，值得持續關注。

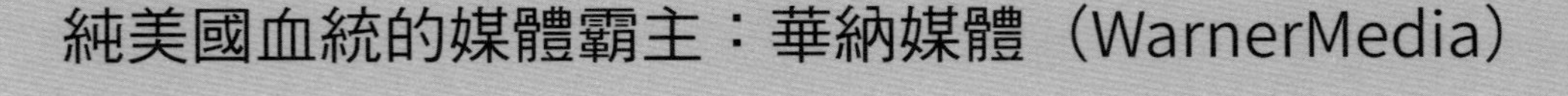
純美國血統的媒體霸主：華納媒體（WarnerMedia）

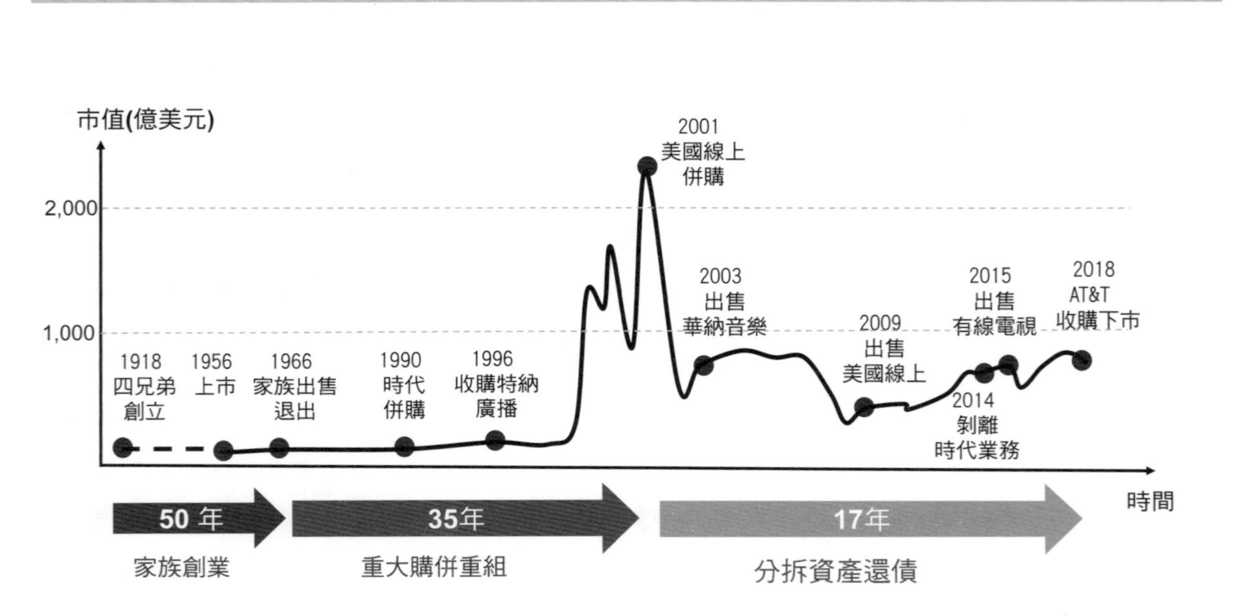
市值(億美元)
2,000
1,000
1918
四兄弟
創立
1956
上市
1966
家族出售
退出
1990
時代
併購
1996
收購特納
廣播
2001
美國線上
併購
2003
出售
華納音樂
2009
出售
美國線上
2014
剝離
時代業務
2015
出售
有線電視
2018
AT&T
收購下市
時間
50 年
家族創業
35年
重大購併重組
17年
分拆資產還債

Notes

參考文獻及延伸閱讀： 1.Cass Warner Sperling, (1994), Hollywood be Thy Name: Warner Brothers Story/2.David R. Croteau, William D. Hoynes, (2006), The Business of Media: Corporate Media and the Public Interest/3. E.J. Stephens, (2010), Early Warner Bros. Studios/4.Ronald V. Bettig, Jeanne Lynn Hall (2012), Big Media, Big Money: Cultural Texts and Political Economics/5. B. Kumar, (2012), Mega Mergers and Acquisitions: Case Studies from Key Industries/6.AT&T company website, AT&T to Acquire Time Warner/7. 蔡鴻青、企業發展研究中心 (2017)，時代華納內容產業巨人的購併之路。董事會評論，第十六期，6-17/8. 蔡鴻青 (2019)，扳倒大鯨魚的新資本運作年代。財訊雙週刊，580 期。

巴伐利亞發動機製造廠股份有限公司（ＢＭＷ）
與時代競速的德國汽車大王

享譽全球的汽車品牌ＢＭＷ（Bayerische Motoren Werke AG，巴伐利亞發動機製造廠股份有限公司），一九一六年以航空引擎製造起家，由卡爾．斐德利希．拉普（Karl Friedrich Rapp）創辦；但自一九五〇年代末起，就由德國最富有卻極度低調隱祕的匡特家族（Quandt Family）引領，至今已超過百年歷史。二〇一九年營收達一千一百六十六億美元，二〇二〇年六月底市值四百一十三億美元，名列二〇二〇年全球品牌價值第三十名，全球銷總量達二百五十二萬輛，做為電動車的先驅，全球共售出十四萬輛電動ＢＭＷ和ＭＩＮＩ。

自一九五九年起，ＢＭＷ由德國匡特家族接管，持有ＢＭＷ集團四六．七％股權，匡特家族曾同時是ＢＭＷ、戴姆勒—賓士（Daimler-Benz）、化學品集團阿爾塔納（ALTANA）、生產步槍的德意志武器彈藥製造公司（ＤＷＭ）、電池公司瓦爾塔（Varta）等國際公司的股東，然而，控股家族卻與經營團隊達成完美的平衡，讓ＢＭＷ塑造傑出的企業文化與商業成就，歷經一個世紀，兩次大戰的打磨，ＢＭＷ藍白對稱的品牌標誌愈磨愈亮。

匡特家族是德國最富裕的家族之一，其崛起被視為德國工業歷史的縮影。二〇一八年，匡特家族由蘇珊娜．克萊滕和斯特芬．匡特姊弟倆成為家族在ＢＭＷ股權的繼承人，以家族辦公室的模式，延續尊重專業的企業文化。

二十世紀初，匡特家族危機入市入主ＢＭＷ，最終安然度過Rover車廠的收購危機，百年來雖然歷經多次挑戰，但掌門人提早布局企業接班及家族財富安排，卻也形成ＢＭＷ企業策略轉折的三個轉捩點。

關鍵轉折Ｉ

戰爭入市 厚植家族實力

在第一次世界大戰的空戰需求下，卡爾．斐德利希．拉普（Karl Friedrich Rapp）的拉普引擎製造廠（Rapp-Motorenwerke），與四行程汽油引擎（奧圖循環引擎）發明者之子古斯塔夫．奧圖（Gustav Otto）的古斯塔夫奧圖航空機械製造廠（Gustav Otto Flugmaschinenfabrik），以及巴伐利亞飛機製造廠，三家公司於一九一七年七月二十日合併，改名為巴伐利亞發動機製造股份有限公司（Bayerische Motoren Werke GmbH），ＢＭＷ品牌正式問世。

ＢＭＷ做為軍需供應廠商，持續替軍方製造軍機引擎，開發出水冷式的六缸引擎。一九一八年，第一次世界大戰結束，德國戰敗，根據凡爾賽條約的規定，德國境內被禁止製造飛機，迫使

ＢＭＷ轉為製造鐵道用的制動器，並開始發展機車用的引擎。八月十三日，ＢＭＷ改制為股票公開上市的股份公司（BMW AG）。

一九二〇年，ＢＭＷ第一具車用引擎——M2B15問世。一九二三年開發出第一輛採用軸傳動設計的機車Ｒ３２，比起過去的鏈條傳動，動力傳遞更平順，使用壽命也更長，打破了當時高速騎乘機車的世界紀錄，從此軸傳動成為ＢＭＷ機車最知名的特色之一。

一九二八年，ＢＭＷ併購了英國奧斯汀車廠（Austin）授權車廠，ＢＭＷ改版原本生產的德版Austin七車款，以ＤＡ２的身分上市，ＤＡ有「Deutsche Ausführung」（德國製造）之意，登場後大受好評，短短三年就賣出一萬八千九百七十六輛。一九三三年再推出最經典的車款BMW 303。

一九三九年，第二次世界大戰爆發，ＢＭＷ重拾航空引擎舊業，繼續為軍方服務，戰後才又回頭生產汽車，卻因錯估市場，引發財務危機，匡特家族才有機會入主。

最意外的野心接班人

匡特家族於德國普里茨瓦爾克（Prizwalk）的布蘭登堡（Brandenburg）發跡致富，十九世紀時以製造繩子與磁磚生意累積豐厚財富。一九三〇年代開始於不同工業領域占有一席之地，握有化學、電器、電池，以及戰爭用品公司的股份。

二十世紀初，匡特家族的掌門人君特・匡特（Günther Quandt）有三個兒子，包括第一任妻子生下的赫爾穆特・匡特（Helmut Quandt）、賀伯特・匡特（Herbert Quandt），以及第二任妻子（Magdalena Friedländer，後又離婚改嫁納粹德國宣傳部長戈培爾）所生的兒子哈若德・匡特（Haraldt Quandt）。然而，哈若德後來與母親和繼父一起住，並未與君特同住。

君特是個思想較為傳統的人，「子承父業」的觀念，讓他熱中於培養長子赫爾穆特，加上次子賀伯特九歲就罹患視網膜病變，隨著年齡增長而持續衰退的視力恐成為管理阻礙。因此，君特專注於培養長子，並未投注過多繼承家業的期望在次子身上。

然而，世事難料，一九二七年因一場突發的闌尾炎併發症，年僅十九歲的長子英年早逝，接班出現變卦。當時十七歲的賀伯特雖失明，但比起另一個兒子哈若德，卻是最合適的人選。因此，繼承重任就落在次子賀伯特肩上。

當時，君特全力支持納粹德軍軍服、電池、彈藥製造生產，事業如日中天，他帶賀伯特進行一系列歐、亞、美洲的旅行，並前往柬埔寨、日本、印度、美墨和古巴等地，包含參觀福特（Ford）的高地公園裝配廠、帕卡（Packard）的工廠、通用電器（General Electric）的設備和飛機公司等。

一九三二年，賀伯特結束了在美國一家電池廠實習的半年計畫，回德後開始在匡特家族下的

ＡＦＡ電池公司實習。國外經驗與遊歷，提升賀伯特對國際業務的視野。父親希望他透過觀察大量生產模式，將優良技術移植至德國。

一九三七年，在ＡＦＡ實習五年的賀伯特二十七歲，成為ＡＦＡ分公司的領導人之一，他接替父親君特的職位已成定局。賀伯特自小便是很有野心且務實的人，也許是眼疾問題，讓他熱中於能實際掌握的東西，而這也是他後來渴望公司所有權的理由之一。

破產危機入市 逢低布局汽車工業

不過，匡特之所以能將ＢＭＷ納入麾下，要從匡特家族持有的汽車產業股，以及一九五九年那場重要的股東大會說起。

一九五四年，君特過世，將事業版圖分給賀伯特和哈若特，但賀伯特一直希望能擁有一家自己的公司。汽車產業自二戰時便得到納粹德國的重視，對汽車生產與設計相當感興趣的賀伯特，與同父異母的弟弟哈若德共同持有父親遺產中三．八％的賓士股權。兩人預見戰後汽車業的蓬勃發展，希望吸收更多賓士的股份，因此與其他股東展開拉鋸戰，在一年間將股權增加到九％，但賓士仍有四〇％的股份掌握在他人手裡，他們無法掌握，讓兩人頗為洩氣。

不過，賀伯特自父親手中接受的遺產中，自己也有一小部分ＢＭＷ的股權，二戰後營運不善的ＢＭＷ，對賀伯特來說，反而是開創自家企業的機會，因此開始計畫收購ＢＭＷ。

納粹掌權時期，ＢＭＷ絕大部分生產線都為德國空軍服務，把汽機車產量壓到最低，當時ＢＭＷ用二萬五千名強徵來的勞工和集中營囚犯製造軍備。二戰結束後，ＢＭＷ才開始量產民用汽機車。

然而，當時市場偏愛中型車，ＢＭＷ先以平價款兩人座小車伊賽塔（Isetta）試水溫，奠定了不錯的評價與市場接受度後，隨即便與具有敏銳開發力與市場影響力的美國豪華車進口商馬克思・霍夫曼（Maximilian Edwin Hoffman）共同開發豪華車款 BMW 507，好與賓士（Mercedes-Benz）300 SL 分庭抗禮。

霍夫曼雖然是進口車商，但由於美國車市的重要性，以及他對車子的品味，其意見往往能左右車廠開發設計新款車型的方向，賓士 300 SL 和保時捷 Speedster 就是依據他的要求開發出來的，而兩者都在市場上獲得重大成功。不過，BMW 507 卻慘遭市場打臉。依據霍夫曼的要求，507 被譽為史上最美跑車，雙座敞篷跑車的長車頭，短前懸的設計，雙腎形水箱護罩，由鋁合金打造的極輕量化Ｖ８汽油引擎，極速可達時速二二〇公里，計畫年產五千輛，每輛售價約五千美元。但是，最後卻因為造價過高，推出市場時，一輛定價竟高達一萬美元，直至 507 停產前，僅賣出二百五十二輛，遠不及賓士 300 SL 的百分之一，ＢＭＷ也因此差點破產。

賀伯特自一九五六年ＢＭＷ財務出現危機時，就開始不動聲色地買入許多ＢＭＷ的股票和可轉換債券。一九五九年的股東大會時，ＢＭＷ因營運問題無法解決，且股東發現當年支出遠超過預算，管理層遂提出籌資建議，然而，方式竟是將公司出售給對手賓士。

股東與工會隨即否定了這項提案，認為ＢＭＷ仍有實力。最終決議發行新股募資，但無人願意注資，連德意志銀行也不願承銷。眼看若無法即時解決債務，ＢＭＷ將不得不宣告破產。賀伯特看準時機，再次買下更多ＢＭＷ的股票。

兄弟意見相左 執意背水一戰

弟弟哈若德並不贊成，認為ＢＭＷ債台高築，將為家族帶來龐大風險；但賀伯特卻執意進行收購。賀伯特先是向巴伐利亞政府表示收購ＢＭＷ的意願，得到支持後，便偷偷挪用家族資產買入股票。被哈若德發現後，賀伯特改以自己的個人財產持續購買。他擬訂一項集團股權分配合理化計畫，並擔任資金協調的中介，最後甚至背水一戰，投入自己所有資產，最後共計擁有ＢＭＷ三〇％的股份。匡特家族於是正式接管ＢＭＷ，並開始改革計畫。

接管ＢＭＷ之後，賀伯特注入資金，並推出新款、更便宜的車型——BMW 700及後來的New Class 1500，幫助公司度過難關。同時，他也當機立斷將航空部門出售，研發出具有市場價格競爭力的經典BMW 700與1500，讓ＢＭＷ在一九六三年時真正轉虧為盈。在匡特家族重整後的第三年，公司便開始向股東們派發股息，這也是二戰後，約八年來的首次分紅。

值得注意的是，布局ＢＭＷ近十年的賀伯特，到了一九六九年才終於掌握公司經營權。因當時的他仍是賓士的監事會成員，而賓士對監事會成員的任職明定「不得在競爭對手公司任職」。因此，賀伯特雖握有ＢＭＷ的實質掌控權，但只在幕後進行管理，並未正式任職。

眼疾惡化傳承不及 選賢能專業接班

隨著年紀增長，賀伯特視力衰退的速度愈來愈快，嚴重程度讓年過半百的他只能透過聆聽來進行公司管理，到了一九七四年，甚至完全失明。第三任妻子喬哈娜（Johanna Quandt）原為他的祕書，長期為他朗讀具有價值的報章雜誌，在婚後也持續了二十二年。長時間的朗讀過程中，喬哈娜無形中累積了豐富的商業知識，成為得力助手。

賀伯特透過錄音的方式持續經營生意，並進行各式業務。為了知道車型的樣貌，他透過觸摸等比例模型來瞭解新車款。因為眼疾，賀伯特練就「以聲辨人」的能力。一九六二年，他和喬哈娜的第一個小孩蘇姍娜出世，但賀伯特眼疾惡化，接班人問題迫在眉睫，逼著他向外尋找合適的專業經理人。

賀伯特對選擇接班人有獨特的理念，認為公司擁有者與管理者要願意授權，讓具有自主想法的第三者經營。而要找到符合的人擔任公司領導人，一定要獲得賀伯特絕對的信任。

匡特家族於一九五九年接手ＢＭＷ後，就在賀伯特身邊的功臣——保羅．哈恩曼（Paul Hahnemann），似乎相當合適，但哈恩曼恃才傲物，與匡特家族低調務實的傳統並不相符，因此並未獲得賀伯特信任。而另一位賀伯特發現的人選——三十六歲的埃伯哈德．馮．金海姆（Eberhard von Kuenheim），在一九六五年到賀伯特的弟弟哈若德手下工作，因具技術專業，負責協調ＢＭＷ集團的技術事務。進入ＢＭＷ之前，金海姆在德國漢諾威的吉特邁（Gildemeister）公司（現在的ＤＭＧ森精機）累積了十一年的經驗。

一九六七年，在金海姆進入ＢＭＷ兩年後，哈若德因飛機失事去世。悲傷之餘，賀伯特的當務之急是要找到瞭解弟弟哈若德主掌的技術事務，並能協助穩定公司的人。經過傾聽，賀伯特感受到金海姆的洞察力和自信心，決定進一步考驗他。賀伯特先是委託他以高價賣出虧損部門，隔年又派他擔任生產機加工工具奧格斯堡（ＩＷＫ）公司的總經理。ＩＷＫ當時營運紊亂，長期以來，ＢＭＷ高層都無心解決而置之不理。但是，金海姆只花不到兩年的時間就重振ＩＷＫ，讓他贏得賀伯特的信任，也鞏固他在ＢＭＷ的地位，成為賀伯特的正式接班人。

關鍵轉折Ⅱ

穩固董事會治理 安度收購危機

掌權長達二十三年的金海姆戰功輝煌，是第一位成功從匡特家族手中接下經營權的專業經理人，同時也是歷任管理時間最久的一位。

短短五年，金海姆以出類拔萃的表現，獲得第二代掌門人賀伯特的信任，並在一九七〇年成為德國汽車行業裡最年輕的領導人。從賀伯特手中接過ＢＭＷ的經營權後，金海姆持續獲得匡特家族的信任。

剛繼任的金海姆對汽車相對較無經驗，因此助手變得非常重要。他上任後，隨即撤換當時擔任銷售與行銷總監的哈恩曼。哈恩曼雖然曾幫助賀伯特穩定ＢＭＷ，但理念與金海姆並不相符，行事風格也讓管理階層頭痛，例如利用假造的帳單讓大量資金流入廣告代理商、從不公開招標競價等。

拓展國際化 品牌超越對手

金海姆讓鮑勃．盧茨（Bob Lutz）接任哈恩曼的職務。盧茨在一九七一年被金海姆從通用汽車挖角，後來幫助金海姆將ＢＭＷ推向急遽成長的美國市場，並拓展至國際。金海姆不在乎德國按資歷排公司輩分的傳統做法，他更願意破格任用像盧茨這樣有能力、有熱情的年輕人擔任高位。

有了盧茨的協助，金海姆開始著手推動「國際化」。他們先在一九七二年收回進口承銷商的權力，進行全球進口商的統一管理，完善控制品牌形象。

此外，金海姆重視研發技術，看準一九七〇年代能源危機，研發利用微電腦調整汽車點火和能源燃燒的時間，提升能源使用率。推出符合主流的外觀，但在技術上創新，看重「以客戶為導向」的銷售與生產過程，提供高度客製化模式。

隨著發展的壯大，ＢＭＷ逐步超越競爭對手戴姆勒—賓士。到了八〇年代末，BMW 7 系列的銷售量首次超過梅賽德斯（Mercedes）S級，成為最受富有雅痞族認可的品牌。當時年事已高的賀伯特樂見此發展，因此在一九七四年讓出他的賓士股權，全心接手ＢＭＷ的監事職務。

在金海姆任內，完成了代表ＢＭＷ的總部四缸大廈，成立 BMW Motorsport GmbH，拓展賽車市場與開發高性能車款，也進行全球進口商管理。二十三年間，ＢＭＷ營收從一九七〇年的十五億德國馬克提升至三百億，成長二十倍。一九九三年是他任ＢＭＷ董事會主席的最後一年，當年ＢＭＷ首次在銷售額上超過賓士，繳出相當華麗的卸任成績單。

選接班候選人 競爭與忠誠考驗

金海姆在位期間便致力於培養專業高階管理幹部，他選人任才的習慣是：每個高階職位都設置兩位管理人員來競爭，以選出最終人選。當時，他看上的是四十五歲的伯納德・畢睿德（Bernd Pischetsrieder）和四十四歲的沃爾夫岡・賴茨勒（Wolfgang Reitzle），成為接班候選人。

一九七三年進入ＢＭＷ的畢睿德，從擔任生產設計工程師開始，在面臨石油危機時仍展現出色能力，獲得金海姆的信任。擔任產品開發主管的賴茨勒，他自一九七六年開始在ＢＭＷ工作，帶領團隊推出「世上最好的轎車」——BMW 7系列，成為金海姆的接班候選人。但是，據傳賴茨勒後來被保時捷董事挖角時面露猶豫，沒有通過「忠誠」考驗。一九九三年，金海姆退休時，最終選定畢睿德接任董事長。

收購英車禦日車 低估潛藏成本

二戰過後，隨著日本汽車產業的技術品質提升，ＢＭＷ更加意識到競爭威脅。一九九一年，董事長金海姆和產品開發主管賴茨勒訪問豐田（TOYOTA）、本田（HONDA）和日產（NISSAN）汽車公司時，有了品牌擴張的想法，原因是這三家公司紛紛推出各自的高級品牌，瓜分了

ＢＭＷ在美國市場的占有率。

金海姆自一九七一年接任董事長後，認為ＢＭＷ應該只關注汽機車領域，而非併購不相關的產業。不過，ＢＭＷ也不該只定位在小眾的高級市場，因為若遇到周期性市場蕭條，較容易出現問題。為此，金海姆和產品生產主管畢睿德認為，收購其他品牌，從而進入低端市場，是最可行的解決方案，也比自行開發新車款更容易。

當時，在ＢＭＷ收購清單上的公司，除了英國路華集團（ROVER）外，還有保時捷、勞斯萊斯、賓利、ＭＩＮＩ。但在金海姆任內，這些併購案皆未談成，直到畢睿德上任才又著手併購一事。

一九九三年，畢睿德正式上任，他認為汽車工業的蕭條期將要來臨，最糟的情況是ＢＭＷ將面臨被其他大廠併購的危機。若要尋求突破，必須進入低端市場，因此他再次提出收購英國路華集團。

路華品牌已老化，只能倚靠日本本田（HONDA）。本田公司與路華聯盟擁有二〇％股權，並提供路華生產所需的平台與技術。但路華的品質無法達到本田的標準，品牌形象也無法提升，廠房老舊與人員管理的問題，使得路華整體營運困難。但畢睿德認為，以ＢＭＷ的技術與研發，有足夠能力改善路華。

畢睿德評估，以ＢＭＷ當時的資金與計畫來說，路華是最佳的收購標的。然而，高層對此提議表示反對，認為路華集團旗下，除了越野車品牌荒原路華（Land ROVER）和微型車品牌MINI，其他都不值得。不過，畢睿德最終說服了高層與匡特家族。

一九九四年一月，上任半年的畢睿德就決定用二十億馬克全權收購路華，包括本田原來持有路華二〇%的股權。可惜事與願違，投入巨資反將BMW一同拉進深淵，併購後，路華的問題和潛在虧損漸漸浮出。

首先，由於德英企業文化差異，英國工人不認同BMW的管理模式，而公司又不能違反收購協議解雇工人，使得改造工程進展緩慢；其次，新一代路華的開發成本遠遠超過預算，上市計畫一次次延宕；再者，畢睿德本想利用BMW在北美的通路來提振路華的銷售，但由於品質不如預期，最後只有荒原路華打入北美，可能要再耗時六年，再砸五十億美元才能讓路華翻身。

虧損匯損兩頭燒 險噬企業根基

一波未平，一波又起。BMW在收購路華兩年後，才發現路華財報造假，隱瞞企業內部漏洞與缺失。深入的財務調查未在簽訂合約時進行，反而在契約簽署兩年後才開始，忽略嚴謹查核作業的BMW，投入的大量資金已難以挽回。到了一九九八年底，路華平均每天虧損二百萬英鎊，累計虧損超過三十億美元。

在收購路華之前，ＢＭＷ是全世界利潤率第二高的車廠，僅次於保時捷，但路華的債務讓ＢＭＷ的業務陷入困境，加上英鎊升值及頑強英國工會的雙重壓力，公司內部以賴茨勒為首，掀起檢討畢睿德的聲浪。

習慣將家族產業交由專業經理人打理的匡特家族，只在緊要關頭出現。因秉持家族低調的作風，以及父親傳承下來的理念，加上一九七八年時，年僅十六歲的蘇珊娜和十二歲的斯特芬曾被歹徒綁架，勒索一千二百萬美元贖金，使兩人行事更加隱祕拘謹；但是，收購路華失敗已影響ＢＭＷ公司的經營，而畢睿德與賴茨勒的鬥爭也成為媒體焦點，終於讓匡特家族出面。

一九九九年二月五日，ＢＭＷ在慕尼黑總部召開監事大會，在長達八小時的激烈辯論中，畢睿德最終不得不為自己的決策負起責任，被撤銷職務。身為路華發展部負責人的賴茨勒，因作風獨斷而不受匡特家族青睞，最終也自行辭職，退出董事會。兩位對ＢＭＷ有深刻影響的人才離開，讓大眾對ＢＭＷ的批評不斷。

新繼任的專業經理人喬希姆．米爾伯格（Joachim Milberg），一九九三年才進入ＢＭＷ。在此之前，他是慕尼黑工業大學（Technische Universität München）機械工程學院院長，也是慕尼黑生產自動化和機器人中心以及奧格斯堡生產應用中心的負責人，典型的理工科學家性格。一九九三年，他進入ＢＭＷ管理委員會，負責生產管理，任職六年以來表現盡職，且行事作風非常低調，因此匡特家族決定支持米爾伯格擔任董事長，接續處理路華問題。

新將拆售止血 業務終回歸正軌

米爾伯格雖然延續多品牌戰略，但比畢睿德更嚴格控管成本，他也堅定地向英國政府施加壓力，催促英國盡速將許諾的二億英鎊注入工廠。一九九九年，路華的虧損為六億英鎊，和米爾伯格上任前的一九九八年差不多，虧損情況漸受控制。

一九九九年秋季，英國投資公司 Alchemy Partners LLP 提議ＢＭＷ分拆 Rover 出售，留下路華75車型和 MG（Morris Garages），而ＢＭＷ也將消息放出給各大汽車公司，包括福斯（Volkswagen）、本田（HONDA）、通用（ＧＭ）等；但各方買家深入評估後，發現若要買路華，必須結清路華累計虧損，本身股權可能會因此遭到稀釋，協議最終破裂。

ＢＭＷ最終決定自己分拆處理：停產路華、賣掉越野車品牌荒原路華和高檔跑車品牌ＭＧ。而英國的鳳凰投資（Phoenix Consortium）則在此時介入收購，因其主席約翰·塔斯（John Towers）曾擔任路華董事長，認為路華仍有發展空間，也獲得路華工會支持。最後ＢＭＷ與鳳凰投資協議象徵性支付十英鎊，買下路華，但路華工廠將繼續生產。而荒原路華賣給美國福特，ＭＩＮＩ則保留下來。交易架構確認後，ＢＭＷ股價一度上漲五三%。

在米爾伯格帶領下，ＢＭＷ終於逐漸回歸正軌，穩定發展。

關鍵轉折III

家族傳承 穩定永續企業經營

匡特家族傳承至今，共經歷兩次重要的遺產分配。第一次分家在一九六七年，四十五歲的哈若德因從事其熱愛的航空飛行，不幸在飛機失事中罹難，留下妻子英格（Inge Bandekow）和五名女兒。妻子在丈夫過世後，歷經酗酒度日的傷痛，後來與哈若德生前的好友再婚，並決議與賀伯特分家。經過幾次協商，哈若德的遺孀和五名女兒獲得匡特家族持有的賓士股票的八〇％（此時家族擁有賓士約一五％股權），而賀伯特則獲得BMW及瓦爾塔電池公司的全部股權。

第二次分家是賀伯特在遺產上的安排。鑑於弟弟哈若德去世後的痛苦，讓賀伯特瞭解到遺產問題對一個家族而言有多重要。他不願看見子女為了財產，而使他一手創立的王國分崩瓦解，因此在生前為自己三次婚姻的六個孩子做好完善的繼承規畫，並確立「共同承擔責任」的原則。

及早分權 避免家族成員爭權

對第一次婚姻的女兒，賀伯特分出了許多股票和相當可觀的房地產；第二次婚姻的三個孩子則平均分得瓦爾塔電池公司的全部股份；而第三次婚姻的妻子喬哈娜、女兒蘇珊娜和兒子斯特芬，則是賀伯特認定的繼承人，三人分得與管理的財產雖然不同，但有些是共同持有。喬哈娜獲得一六．七%的ＢＭＷ股份；女兒蘇珊娜得到化學公司阿爾塔納（Altana）五〇．一%的股份與ＢＭＷ汽車集團一二．五%的股份；兒子斯特芬持有德爾通（Delton AG）一〇〇%的股權，以及ＢＭＷ的一七．四%股權，並規定子女年滿三十歲後才能動用遺產。

賀伯特這種合理且不均分的「無稅分配」和「分業分割」的分配模式，不僅有效地阻止了家族糾紛，並且讓家族的凝聚力更加緊密。

家族同心發展 借力家族辦公室

哈若德一家，在哈若德過世後，就和賀伯特進行財產分割。哈若德家族的五個女兒因無意經營賓士公司，於是出售分家後所持有的賓士全部股權，得到巨額現金。有鑑於上代分割財產的痛苦，在一九八〇年代初，她們決議集中管理家族財產，聘請專業管理人成立家族辦公室──哈若德．匡特控股有限公司（HQ Holding），統一管理家族財富，透過投資組合分散投資。

五姊妹於一九八一年聘請一位家族辦公室管理專家──伯恩哈德．馮德林（Bernhard Wunderlin），集中管理 HQ Holding 持有的家族資產。HQ Holding 管理五姊妹的金融資產，並投資美國的房地產，為她們提供量身訂製的服務，從投資、保險，到藝術收藏品、馬廄管理等。在當時的德國，這可說是最早成立的單一家族辦公室（SFO）之一。

家族辦公室的成立讓哈若德家族更加團結，並決議擴大家族辦公室，於是她們與研究家族企業的銀行家亨利．紹本（Jochen Sauerborn）及其合夥人連手，一同為其他德國家族提供財富管理。降低經營成本的同時，也擴大合作平台。

有趣的是，HQ Holding 並未轉型為「聯合家族辦公室」（MFO），而是保留 HQ Holding 單一家族的管理模式。同時，一九八七年銀行家紹本（Jochen Sauerborn）和合夥人成立平行於 HQ Holding 的國際經濟金融研究所（FERI），以做為MFO為其他德國家族服務。紹本為控股股東，匡特家族則持有二五%的股權。因此，匡特家族展開獨特的「雙層FO結構」，HQ Holding做為SFO為自身服務，而將FERI做為MFO，為其他家族提供服務。

MFO與SFO是各自獨立的兩個實體。一邊是對外部家族開放，但也管理部分創始家族資產的開放式MFO，另一邊是僅為家族服務的封閉式SFO。HQ Holding 為家族帶來財富創造的新平台，FERI則不僅管理家族金融資本，更平行向外部家族提供多種投資顧問服務：聯合家族辦公室（MFO）、哈拉爾德．匡特信託（HQ Trust）、PE另類投資諮詢顧問公司 AudaInternational、美國房地產投資諮詢顧問公司 RECAP、德語區中等市值股票投資公司 Equita。

透過家族聲望持續開拓新投資領域。截至二〇一九年三月，FERI約服務三百個家族客戶和二百個機構法人，管理三百六十三億歐元的資產。此外，還有 Auda、RECAP、Equita 等另類投資平台，同樣對外部開放，但匡特家族也使用其服務。由於稅收及監管因素，並非由HQ Holding直接持有。

Auda、RECAP、Equita滿足匡特家族特殊投資的需求，但它們並不只為家族服務，就如HQ Holding一般，家族將這些專業化的服務開放給外圍家族，並全權交給經理人專業化管理。前文提到，ＭＦＯ的專業管理能有效降低利益衝突，例如外圍家族雖然不希望控股家族對ＭＦＯ介入或干涉，但希望得知控股家族如何投資、是否參與某投資項目、與某基金經理的關係等問題，因此，ＭＦＯ與ＳＦＯ的分離，能夠在根本上解決控股家族與外圍家族及客戶之間的利益衝突。

遺孀及退休高管協力 挹注穩定力量

匡特家族的二〇一八年淨資產為四百二十七億美元，得益於他們在ＢＭＷ近五〇%的股份。他們還持有德國東西物流（LOGWIN）和荷蘭資安公司金雅拓（Gemalto）。

一九八二年，高齡七十二歲的賀伯特因心臟病去世，匡特家族由賀伯特女兒蘇珊娜和兒子斯特芬成為ＢＭＷ股權繼承人，當時只有十九歲及十六歲的兩人無法接管ＢＭＷ，因此由賀伯特的妻子喬哈娜接手。

喬哈娜長年與丈夫的互動中，讓她累積了豐富視野，加上擁有祕書的細膩與商業手腕，在公司高層的協助下，讓ＢＭＷ在賀伯特去世後仍能穩定成長。

而除了匡特家族的成員之外，另一個穩定的力量，是退休後的專業經理人進入ＢＭＷ的監事會。退休後的經理人具有長期帶領公司的經驗與歸屬，進入監事會成為公司決策的智囊，必要時提供修正策略，將公司導入正軌。長期與匡特家族的連結，建立家族與接班經理人之間的信任，相輔相成，帶領ＢＭＷ持續向上。

二〇一五年八月，喬安娜去世，享壽八十九歲。在二〇一八年德國富豪榜最新排名中，蘇珊娜·克拉滕和斯特芬·匡特是最富有的德國人，光在二〇一七年春季，兩人股利分紅就高達十二億歐元。

而斯特芬在二〇一八年持有ＢＭＷ的股份已高達二五·八三％，成為ＢＭＷ最大的單一股東，可阻止任何對ＢＭＷ的敵意併購，市值達一百三十四億歐元（約一百六十六億美元）。

宿敵化敵為友 持續投資海外

不過，ＢＭＷ的最新競爭對手，卻是來自科技業。有鑑於科技創新掀起的車業革命，波士頓諮詢公司（ＢＣＧ）估計到二〇三〇年，美國人在路上行駛的里程數的近三分之一將用於乘坐共享服務的電動自駕車。

二〇一八年，ＢＭＷ和賓士兩家德國車商首次宣布合作計畫，準備啟動汽車共享以及電動車項目，並將投資十億歐元（約為十一．三億美元），同時創造一千個新的就業職位。

此舉顯示，德國兩大車業龍頭必須聯合起來，才可能力抗來勢洶洶的電動車新銳特斯拉（TESLA）與日產電動車品牌Leaf的威脅，也反映了預計在未來十年內汽車產業的巨大轉變，在此過程中，可能大幅降低新車銷量。但即使是傳統車銷售，ＢＭＷ也已面臨嚴峻挑戰。根據Focus2move網站統計，全球銷售前十大的汽車廠牌，已被日系車豐田（TOYOTA）、本田（HONDA）、韓國現代（Hyundai）、起亞（KIA），甚至同鄉德國福斯（Volkswagen）盤據，這些新興車廠先以更親民的售價與節能，成功打入中國大陸等新興市場，如今也開始往上發展高價位系列品牌，勢必對ＢＭＷ的市場地位造成一定衝擊。

而且，美國總統川普對外發動貿易戰，揚言將對除了加拿大和墨西哥的所有進口車課徵關稅；加上英國脫歐的混亂，對ＢＭＷ供應鏈造成重大衝擊。因此，ＢＭＷ執行長哈拉爾德．克魯格（Harald Krueger）表示，因在美國銷售持續攀升，該公司將考慮在美國和墨西哥投資可生產引擎和變速器的第二工廠，除了避開可能的關稅之外，還可提供貨幣避險功能。

克魯格是研發工程師起家，一九九七年成為策略生產計畫部門負責人，陸續管理過ＢＭＷ、ＭＩＮＩ、勞斯萊斯全球重要廠區。二〇〇八年，他成為ＢＭＷ最年輕的董事會成員，並於二〇一五年擔任執行長，以迎戰即將邁入衰退的車市與下一波考驗。

克魯格也計畫加強與中國華晨汽車的長期合作，ＢＭＷ在二〇〇三年就與華晨在瀋陽合資成立華晨寶馬，但為了因應中國大陸市場更激烈的商戰，克魯格不但準備將華晨寶馬持股從五〇％增加至七五％，也與大陸動力電池龍頭寧德時代加強合作鋰電池採購，以因應電動車時代的來臨。

啟示：家族提早交棒 低調和諧退居幕後

回首百年歷史，ＢＭＷ自戰後轉型為家族企業。在第二代接班人賀伯特的帶領下，成功度過破產危機。後來家族退居幕後，轉由專業經理人管理企業，邁向國際市場。家族的低調作風，使其能更客觀地處理公司的營運問題，在關鍵時刻做出決策。

接班選擇是企業領導者苦思的問題，「人」的複雜性遠比許多事情更難以預測。匡特家族能將家族企業交由專業經理人負責，給予適度的經營權，並建立良好的信任，相當難能可貴。至金海姆以來，ＢＭＷ已傳至第六代的專業經理人。

二〇二〇年六月底，ＢＭＷ市值衰退至四百一十三億美元，主要受到共享經濟及電動車崛起影響，未來是否能克服挑戰逆勢上揚，讓人拭目以待。

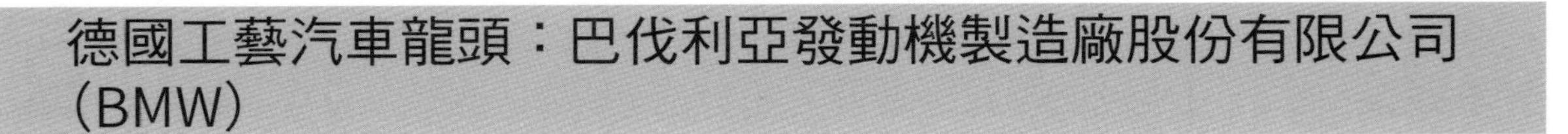
德國工藝汽車龍頭：巴伐利亞發動機製造廠股份有限公司（BMW）

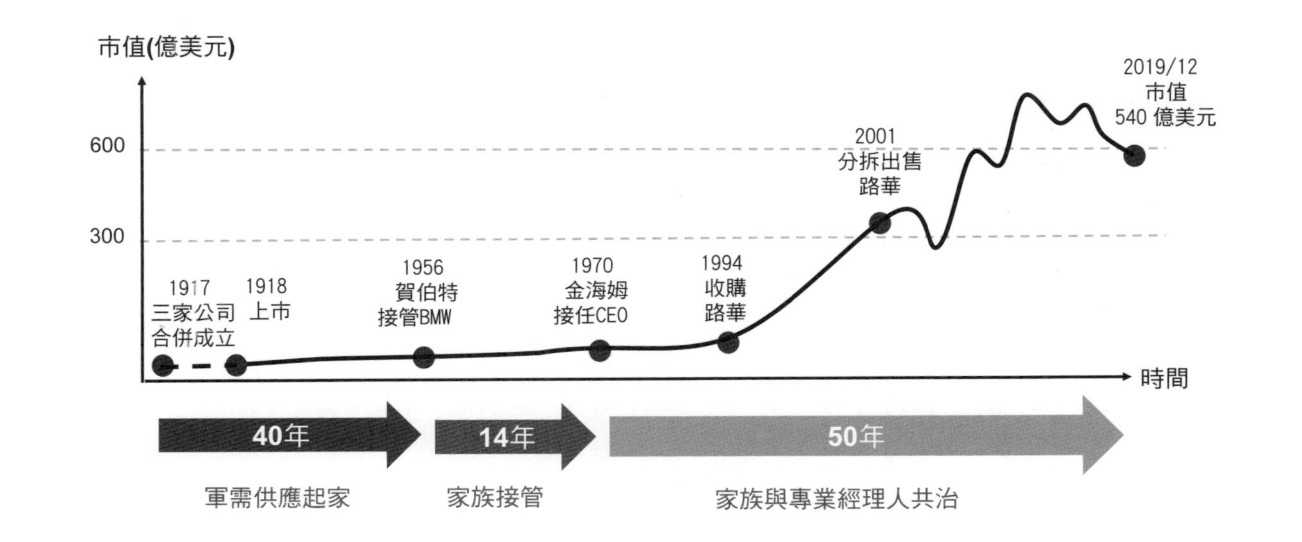
市值(億美元)
600
300
1917
三家公司
合併成立
1918
上市
1956
賀伯特
接管BMW
1970
金海姆
接任CEO
1994
收購
路華
2001
分拆出售
路華
2019/12
市值
540 億美元
時間
40年
14年
50年
軍需供應起家
家族接管
家族與專業經理人共治

Notes

參考文獻及延伸閱讀： 1.BMW 官網 /2.Rüdiger Jungbluth, (2002), Die Quandts (匡特家族：" 德國製造 " 幕後的傳奇)/3.David Kiley, (2004), Driven: Inside BMW, the Most Admired Car Company in the World/4.Harald Quandt Holding 官網 /5. 高皓、劉中興、葉嘉偉 (2015)，匡特家族：寶馬控股家族的 MFO 之路。新財富，2015 年第 7 期，110-125/6. 蔡鴻青、企業發展研究中心 (2016)，低調的匡特家族：家族控股與專業經理人的組合。家族治理評論，第六期，4-14。

酩悅・軒尼詩—路易・威登集團（ＬＶＭＨ）

浪漫又狼性的法國精品帝國

ＬＶＭＨ全名Louis Vuitton Moët Hennessy（酩悅・軒尼詩—路易・威登集團，又稱路威酩軒集團）可說是集全球奢華品牌於一身的精品集團。耳熟能詳的精品品牌ＬＶ是它的起家事業，包括Dior、FENDI、TAG Heuer、Givenchy、KENZO、CÉLINE等是旗下知名品牌。它橫跨葡萄酒、香水及化妝品、鐘錶珠寶、精品零售、媒體五大領域，擁有七十個精品品牌，二〇一九年營收為六百億美元，二〇二〇年六月底集團市值達到二千二百十七億美元。

領導這龐大王國的ＬＶＭＨ董事會主席兼ＣＥＯ貝納德・阿諾特（Bernard Arnault），在二〇一九年底《富比士》富豪排行榜上名列第一，資產價值總計為一千一百五十七億美元，是全球精品界最富裕的人。阿諾特曾多次被選為歐洲最佳服飾男士，但業界卻稱他為「溫文爾雅的狼」，併購、整合的冷酷商戰和對企業的策略改造，才是ＬＶＭＨ壯大的原因，也使他獲得「精品教父」的稱譽。

阿諾特憑藉精確的財務併購、品牌改造策略，打下今日精品王國地位，他是地產商第三代切入奢侈品產業，成為創業的第一代，獨創ＬＶ法則顛覆傳統的經營思維，並大肆搜購風格截然不同的精品品牌，不管是發動反向收購、敵意併購、合意併購，失敗與成功，阿諾特都能從中汲取養分，在在鞏固了LVMH的龍頭地位。

關鍵轉折I

地產富二代 轉型精品教父

阿諾特家族世代經營地產業，一九四九年，他出生於法國北部的魯貝（Roubaix），父親從事營造業。他從理工學院畢業後，在父親的公司做事，擔任基層工程師，二十八歲時接掌公司的經營，隨後前往美國佛羅里達州開發住宅，一開始買氣不旺，只好再回到法國，繼續從事營造業。對阿諾特而言，美國經驗讓他學習到美式管理，特別是資本的流通和金融商品的操作，讓他對事業的發展方向大大改觀。

如今是精品教父的阿諾特回憶，他第一次到紐約時，和計程車司機聊天，他問司機對法國瞭解多少？法國總統是誰？沒想到司機說：「不知道，但我知道Christian Dior。」這句不經意的話卻讓阿諾特震撼，領悟到精品的力量，更發現迪奧品牌的潛力——提到法國就聯想到「Christian Dior」，這個念頭是LVMH的開端。他體悟到如果有這麼豐富的智慧財產，卻只是巴黎街頭一個傳統品牌，未免可惜，法國品牌應該要往世界邁進。

創辦人驟逝 品牌無以為繼

回頭從迪奧開始說起。迪奧品牌的創辦人克里斯汀．迪奧（Christian Dior），於一九〇五年出生，他原本應該從事政治，卻陰錯陽差地成了畫商，在買畫過程中，為一位從事高級訂製服的客戶畫出極具美感的設計圖，讓迪奧進入時尚界。迪奧先在服裝店中當助手，戰後回到巴黎時裝界，遇到了他的伯樂——馬歇爾．布薩克（Marcel Boussac）。布薩克家族是紡織纖維界大亨，廣泛投資各領域事業，他為迪奧設計服裝的美感所吸引，一九四六年，布薩克投資讓迪奧創立了高級訂製服專門店。

迪奧的設計一度在時尚圈大放異彩，但他卻在一九五七年因心臟病發猝死，由他的關門弟子伊夫．聖羅蘭（Yves Saint Laurent）接任品牌設計總監。聖羅蘭雖是當時號稱的天才設計師，但設計風格與迪奧截然不同，他將迪奧聞名的多層次澎裙改成窄裙，導致布薩克和客戶不滿；一九六〇年更大膽推出從青年次文化為靈感的「Beat Look」系列，雙方積怨一次爆發，趁著聖羅蘭被徵召入伍，布薩克乘機撤換了他，換上較為保守的馬克．博昂（Marc Bohan）。

博昂在迪奧任職近三十年，只能守住迪奧的舊有風格，沒有辦法拓展新客源，老顧客開始流失，由迪奧開創的服飾＋香水的經營模式也無以為繼，香水部門先轉賣給軒尼詩集團（Moet Hennessy）；加上全球纖維產業不景氣，布薩克纖維宣布破產，連訂製服專門店迪奧也得切割出售。

從營建轉戰時尚 財務槓桿首役告捷

就在此時，迪奧的母公司布薩克纖維宣布倒閉。一九八四年回到法國的阿諾特志在旗下的迪奧，旋即表態願意收購；布薩克卻要他吃下整個集團。當時，布薩克纖維的規模比阿諾特的家族企業大了一到兩倍，阿諾特積極勸說父親將自家企業全部向銀行抵押，融資八千萬美元，加上自有資金一千五百萬美元，收購了布薩克集團，不僅得到了迪奧，後來切割出售紡織廠等非核心資產，獲利高達二十億法郎，為未來收購征戰儲備雄厚資本。當時，阿諾特年僅三十五歲。

一九八〇年代，時尚界最著名的專業經理人邦吉巴（Béatrice Bongibault）是香奈兒（CHANEL）成衣部門的管理總監，她延攬了曾成功改造 FENDI、Chloé 的「時尚老佛爺」卡爾．拉格斐（Karl Lagerfeld），做為活化香奈兒成衣品牌的重要推手，成功讓香奈兒起死回生。

阿諾特重金挖角邦吉巴，任命她為迪奧總監，給予充分授權，以補足他自己對時尚產業的不足，這在當時的時尚產業是一件大事，而邦吉巴也因此展開大刀闊斧的改革。

當時的迪奧一度失去了在高級時裝界的地位，邦吉巴乘機施行她的 CHANEL 復活方程式。第一步就是找來頑童才子吉安法蘭科．費雷（Gianfranco Ferré，）。費雷出生於義大利的上流階層，進入迪奧前，他在羅馬經營訂製服公司，與已故的吉安尼．凡賽斯（Gianni Versace）、喬吉歐．亞曼尼（Giorgio Armani）共享「米蘭三 G」的盛名。

重用專業創新改造 顛覆歐洲傳統

大膽啟用非法國人，在法國傳統品牌擔任高級訂製服的首席設計師，需要極大的勇氣。迪奧找來義大利籍的費雷，法國上流社會的批判聲浪如潮水般湧來，但費雷毫不在意，認為美學無遠弗屆，用設計師國籍來限定服裝，是愚蠢的想法；而力主聘用費雷的邦吉巴認為這是法國服裝重生的機會，國際化才是讓巴黎保有服裝流行領導地位的契機。兩人均獲得阿諾特的強力支持。

一九八七年，費雷展出他到迪奧的處女秀，以簡約線條、高雅用料打造出鮮豔的「Ascot Cecil Beaton」系列，懾服了法國反對派，更獲得當年的「金手指獎」，設計師初次參與選拔會就獲獎，是史上頭一遭。

迪奧一舉成名後，旋即往全球化道路邁進。當時，不少知名品牌都將品牌授權到其他周邊商品上，但迪奧早就將最著名的香水與化妝品系列CD（迪奧以其名字字首縮寫用於命名香水與化妝品系列）賣給了酩悅．軒尼詩（Moet Hennessy）集團，其他雖有一百多個海外授權品牌商品，品質卻良莠不齊。邦吉巴認為，高端市場不能以數量取勝，因此她收回品牌授權，改以高價時裝、皮包等直接出口的商業模式，達成「形象與品質的統一」。

不過，這項授權品牌的改造，在一九九〇年十二月，邦吉巴被阿諾特解聘後就結束。距離費雷成功發表會不到三年，令外界震驚的是雙方關係惡化如此迅速。

主要是當時已經入主ＬＶＭＨ的阿諾特開始注意到，不景氣的狀況已經波及了ＬＶＭＨ集團，他必須盡快進行下一波轉型。阿諾特在事後也強調邦吉巴是迪奧的「創造精神者」，她用「尊重歷史而非拋棄歷史」的精神，改造了迪奧；大膽起用具有話題和實力的設計師，增加媒體曝光度，但重點是徹底檢視策略，嚴格管理品質和行銷通路，以及重視管理階層，這些才是迪奧改造成功的關鍵。

關鍵轉折II

假面白衣騎士的反向併購

邦吉巴進行改造迪奧時，阿諾特也併購了巴黎的CÉLINE，並投資設計師克里斯蒂安・拉克魯瓦（Christian Lacroix）自創品牌，成為一個擁有三個品牌的小型精品集團。此時的阿諾特，透過過去布賽克建立的體系，架構了三大事業部門，分別是迪奧領軍的奢華品部門、改造後的樂蓬馬歇（Le Bon Marché），以及布薩克纖維和包裝生產品部門。

同時間，兩大烈酒品牌酩悅（Moet）家族與軒尼詩（Hennessy）家族也正在合併，成立了Moet Hennessy（酩悅・軒尼詩）集團。頂級皮件品牌路易・威登（Vuitton）家族在一九七七年，由威登家族的女婿、鋼鐵大亨亨利・拉加米耶（Henry Racamier）接手ＬＶ，對公司進行垂直整合，大大提升了利潤。一九八四年，ＬＶ利潤大增，股票在巴黎和紐約同時上市，因此決定和酩悅·軒尼詩集團合併。一九八七年夏天，ＭＨ與ＬＶ合併，正式成為ＬＶＭＨ集團。

但兩大集團的合併，卻成為最糟糕的狀況，拉加米耶與酩軒集團ＣＥＯ艾倫·舍瓦利耶（Alain Chevalier）互爭經營權，舍瓦利耶得到大股東支持，拉加米耶雖然向YSL、HERMÈS等品牌家族尋求支援，卻被拒絕。

兩造併購內鬥 晉身第三勢力

一九八七年，已經改造迪奧，在高級訂製服有所成就的阿諾特，向ＬＶＭＨ提出要求，希望能買回ＣＤ的香水部門（Christian Dior Parfums），打造「完整的迪奧」；但是，ＬＶＭＨ卻看中了迪奧的高級訂製服部門，雙方一度僵持不下。

但也因此，拉加米耶決定將合作方向轉向拉攏年輕的阿諾特，希望以此對抗舍瓦利耶。拉加米耶認為阿諾特是法國人，也對高級時尚產業有興趣，目標相近，他決定吸收阿諾特做為「白衣騎士」，驅逐舍瓦利耶，鞏固經營權。

所謂白衣騎士（White Knight），是指公司派在發現有襲擊者狙擊經營權時，主動另外找尋友好人士或公司，做為第三方來解救公司，以驅逐發動敵意收購者。獲得公司派或既有管理層支持的「白衣騎士」，成功可能性很大，公司管理者若取得金融機構等支持者的狀況下，也可以反過來變為白衣騎士，實行管理層收購。對於反收購策略，尋找白衣騎士的基本精神是「寧給友邦，不予外賊」。經營迪奧成功的阿諾特，就是在此時成為LV集團的「白衣騎士」。

然而，阿諾特真正目的在於收購LV，而非只是策略合作。一九八〇年代，全球經濟低迷、股市疲軟，讓阿諾特有機會以低價大量收購LV的股票，從一九八七年七月一日開始，阿諾特每天大量買進LVMH的股票，短短八天就買進兩成的股權。阿諾特對拉加米耶和舍瓦利耶表達自己也想進入LVMH經營團隊，再度獲得拉加米耶的支持。

一九八八年，兩家集團的合併即將破局，而此時，阿諾特以四億美元賣掉布薩克纖維和包裝產業，徹底地跳脫以紡織為主的核心事業，再用這筆錢，以及拉加米耶的默許，取得LVMH的控股達到三成。一九八八年九月，迪奧持有LVMH股權達到四成，指派阿諾特的父親成為LVMH的監察人，對阿諾特來說，迪奧的香水化妝品終於和高級訂製服合而為一，完成了他的初步心願。

最強小三反客為主 兩大家族敗北出局

明明是兩大家族的競爭，卻讓第三者阿諾特成了最大股東，在法國商業界造成了重大衝擊。

雖然當時ＬＶＭＨ仍維持著拉加米耶掌管高級訂製服的時尚部門，以及舍瓦利耶主導的酒類系統，但阿諾特絕對不只想做一個促成雙方和諧的邱比特，而是一個反客為主的白衣騎士。

一九八九年一月五日，阿諾特再次於巴黎股市大批買入ＬＶＭＨ的股票，在短短三十八小時內就買了八％股權。感到失去主導權的舍瓦利耶憤而辭職，阿諾特則接手他的部門。阿諾特從局外人取代兩個創辦家族，成為ＬＶＭＨ的靈魂人物，拉加米耶這時才發現自己引狼入室，想趕走他；但阿諾特將自己的人馬安插進董事會、經營會議。

拉加米耶感到危機難以控制，透過自己家族控股的投資公司Orcofi，與萊雅（L’Oréal）合資，買下法國高級時裝品牌浪凡（Lanvin）的股權，試圖建立自己可控制的品牌事業，來和阿諾特對抗。

雙方在經營權上互不相讓，阿諾特以拉加米耶年事已高，超過七十歲為理由，要求他退休，雙方動用律師和偵探互相打探對方底細，最後，阿諾特甚至直接解雇拉加米耶等一派高階主管，將ＬＶＭＨ從拉加米耶手上搶過來。

此舉再度驚動法國商界，對阿諾特的負面評價如潮水而來，批評他是賭徒、收購專家；但阿諾特否認賭徒的說法，他說他只想創造一個全球最大的奢侈品銷售企業，他只是往這個目標邁進而已。他擺脫ＬＶ和ＭＨ兩大家族，併購ＬＶＭＨ成功後，迪奧在巴黎證券交易所上市，再次樹立阿諾特品牌帝國的里程碑。

同時間，他繼續改造凋零品牌。在他接手前，CÉLINE每年虧損將近一千六百萬美元，瀕臨倒閉，阿諾特複製迪奧成功模式，將CÉLINE改革為全新品牌。

二〇〇〇年，阿諾特派任路易・威登的二當家吉恩—馬克・路比耶（Jean-Marc Loubier）擔任CEO。CÉLINE在一九四五年發跡時，原以高級訂製皮鞋著稱，轉向時裝發展卻不甚順利，路比耶重新讓CÉLINE化身為高級皮件品牌，縮短產品流通的時間，讓CÉLINE的獲利迅速回升，再度躋身一線精品品牌之列。阿諾特也開始以「奢華」做為一個新名詞，引領奢華產業。

力邀跨界新銳操刀 打造品牌故事

併購是兩家企業的結合，也是兩家文化的磨合，LVMH的併購堪稱世界品牌史上規模最大，收購的對象都具備強烈的品牌自我風格，然而，這些品牌同處一集團中，卻能各自發揮自己的長處。

此外，LVMH收購的企業一開始都陷於困境，例如時尚品牌CÉLINE、Pucci和香檳氣泡酒品牌慧納（Ruinart）等企業，但LVMH入主後，卻能讓這些品牌擦亮招牌再出發。

歸根結柢，阿諾特的做法，其實就是找出品牌歷史、重新定位品牌、找新設計師發揮原創基因、找出銷售管道、打造市場形象，最重要的是專業分工，設計師不需要再親自操盤各種行政工作，例如財務、通路、管理等項目，他們只需要專心於設計工作即可。

阿諾特認為：「奢侈品品牌的樹立要比其他生意困難得多，它需要創造一種根本不存在的消費需求。塑造時尚奢侈品牌必須遵循一個公式——通過挖掘品牌歷史並用適當的設計師來詮釋它，定義出品牌身分，嚴格控制品牌品質和銷售，巧妙造勢、吸引眼球。」

入主LVMH後，阿諾特開除了一批舊有高層，任命新的總裁，他玩「異國設計師創造本土風格」的把戲，找來知名的馬克．雅各布斯（Marc Jacobs）進入LV擔任創意總監。讓一位來自美國紐約的嘻哈風格設計師進入老店LV，雙方都需要有許多的磨合過程。不過，阿諾特要求他熟讀LV的歷史，然後發揮他的美式創意。

雅各布斯成功地將這個法國品牌注入年輕的生命，經典代表作是利用亮面的漆皮打上LV最經典的 monogram 花色，或是將現代元素鑲嵌在LV上，包括塗鴉式的LV標誌，或是邀請日本當代藝術家村上隆跨界詮釋，將五顏六色的LV標誌襯托在純白底色上，讓整體形象煥然一新，使得百年LV成為LVMH集團的主要收入來源。

發掘品牌特色 後台共同整合

阿諾特的「LV法則」，用在改造酒品也一樣順利。阿諾特操刀改變酩軒集團中的高級香檳酒Ruinart，這款商品原本是僅次於香檳王（Dom Pérignon）的高級香檳酒，後因定位不明，銷售量逐漸下降，阿諾特找來歷史學家對Ruinart刨根究底，竟找出這款超過二百歲的商品曾經是路易十六的妻子——瑪麗皇后飲用過的酒類，還出口到其他國家的皇室，利用神祕王室故事重新包裝的Ruinart，馬上成為高級、尊貴、全球化的代表產品。

這項法則運用的手法雖然如出一轍，但阿諾特對各品牌放手讓專業經理人經營，才是這項法則大勝的原因。他收購許多品牌，為了保持品牌的獨立性和不同風情，將所有管理權都授權給品牌主導者，通常是該品牌的家族主導者，讓他們維繫品牌的靈魂，且所有品牌都能各自獨立自主，不需要與其他品牌搭配，也因此，ＬＶＭＨ沒有一個共同的首席設計師，因為各品牌都有自己的設計師。

在維持各品牌的多元性背後，後台工作卻是一致性的。集團化的營運是讓各品牌降低營運成本的方式，例如銷售可以共用通路，零售事業更從實體商店到網路平台，財務、行政等工作都由集團統一處理，可降低的成本相當驚人，珠寶、鐘錶、酒類、皮件等小型商品也能因為節省營運成本，創造更大的規模。

在人力資源上，ＬＶＭＨ加強人員的跨集團共用，人員要能夠在集團各部門、各品牌間流動，將成功經驗複製到所有品牌上，所有的業務部門都要求人員可以跨部門進行品牌經營計畫，這使得內部人才不至出現短缺，並且可以用同樣方式不斷培訓新的人才。

收購馬不停蹄 從歐洲進軍全球

ＬＶＭＨ旗下除了皮件旗艦商品外，其他產品線可分為酒、服飾、化妝品、珠寶與鐘錶等業務。這些產品原先是ＬＶ並不擅長的業務，卻因為併購增加了新的產品線，變成多彩多姿的商品組合，也成為集團的重要獲利與營收。所有的品牌都可以針對不同時、地發展出新的差異化產品，也滿足不同消費者在不同階段、不同國家的需求。

入主ＬＶＭＨ後，阿諾特的併購腳步從未停止，他持續以併購的方式，擴展ＬＶＭＨ集團在各領域的戰略地位。ＬＶＭＨ當初可能從家族赤手空拳的打拚開始，到了後來，光靠自身的創業已經不夠，必須靠併購的方式快速擴展勢力。

二〇〇〇年和二〇〇一年，ＬＶＭＨ快速收購了義大利的Emilio Pucci和美國的Donna Karan，收購後者意義重大。在此之前，ＬＶＭＨ是一個歐洲精品集團；買下了Donna Karan，意味著ＬＶＭＨ打進美國職業婦女市場。

而在買服裝品牌的同時，ＬＶＭＨ開始進軍另一個從未入主的產業：鐘錶。ＬＶＭＨ快速地買下玉寶（Ebel）、真力時（Zenith）和泰格豪雅（Tag Heuer），過去ＬＶ以旅行皮件起家，但鐘錶這種旅行必備的配件卻是ＬＶ的弱項，買下了新的鐘錶事業後，特別是Zenith的加持，讓ＬＶ有了自己的鐘錶產業，甚至有自有品牌的手錶。

阿諾特親自掌控著成百上千款商品的設計、生產、銷售，ＬＶＭＨ有將近七萬六千名員工，不間斷地與時尚同步、創造時尚。從一九八七年至二〇一八年，ＬＶＭＨ進行了六十二筆收購，持股七十四家公司，ＬＶＭＨ旗下已擁有七十個品牌，成為「奢侈品巨獸」，也讓阿諾特成為無人能敵的歐洲首富。

關鍵轉折III

三個經典收購 不同劇碼與結局

阿諾特的收購幾乎橫掃時尚界。不過，他的收購和經營並非總是所向無敵，他與最大競爭對手古馳（GUCCI）之間的戰爭如同肥皂劇。現在則和愛馬仕家族（HERMÈS）持續進行股權交易戰。阿諾特採取的做法，是蠶食鯨吞，當被併購方驚覺時往往已經必須面對面上談判桌進行股權保衛戰；而阿諾特通常會表示「沒有併購意願」，緩和對方心防，但背後持續加速併購。在對於古馳和愛馬仕的收購案上，都可看到這樣的影子。

趁對手危機硬上 花落他家高價出脫

一九九九年一月，LVMH悄悄向義大利Prada家族收購其所持有的九．五%的古馳股權，阿諾特再賣出手中酒類、食品類企業帝亞吉歐（Diageo）的一〇%股份，籌得資金，再以強勢態度收購古馳股票。另一方面，GUCCI雖不得不承認LVMH擁有股權，但不願接受這項收購，並且向美國證券交易委員會（SEC）告狀。為了緩和古馳的反彈，LVMH也向官方表示「現階段不會公開收購古馳」；但事實上，阿諾特表面上繼續和古馳執行長迪梭（Domenico De Sole）談判，一邊私下透過各種管道收購股權，在半個月內，將對古馳的持股一口氣拉到三四．四%。

談不成合意收購，迪梭改談董事席次，但阿諾特絲毫不願意退讓。迪梭痛下殺手，以毒藥丸計畫——增發新股搭配員工認股（ESOP）來稀釋LVMH股權，兩個月增資完成後，LVMH的持股從三四．四%被降至二〇%。

兩造鬧得不可開交，告上法院，在雙方都不願進行協商的狀況下，古馳決定引進另一競爭對手，也就是法國流通業者——碧諾—春天—雷都集團（Pinault Printemps-Redoute，簡稱PPR，現更名為開雲集團Kering Group）進行資本合作。PPR投入更高的資金，取得古馳約四二．四%的股權，並快速地將新投資方送進董事會和戰略委員會，全面拒絕LVMH的董事，擬以稀釋股本的方式，讓阿諾特控制權大幅縮減。

古馳最後要求ＬＶＭＨ全面收購而非僅部分持股，但ＬＶＭＨ拒絕，最後歐洲委員會進行裁決，ＰＰＲ獲得併購古馳機會。ＬＶＭＨ和古馳雙方戰火直到二〇〇一年為止，終於達成協議，由ＰＰＲ買回ＬＶＭＨ手中的股票，併購古馳。

最終，ＰＰＲ以超過每股百元的價格（一〇一．五美元），收購原本低於八十美元的持股，ＬＶＭＨ在資本操作上仍是大賺收手，阿諾特認為這是一個正面結果。

奇襲鬆懈對手 家族成員團結應戰

ＬＶＭＨ的另一突襲對象，是成立於一八三七年的百年老店愛馬仕（HERMÈS）。這家以傳統訂製皮件與馬具的高級精品、服飾集團，以絲巾和充滿指標地位的柏金包、凱莉包穩坐高級奢侈品第一寶座。愛馬仕家族在一九九三年釋出二〇％的股權，在法國股市上市，家族維持七〇％以上的持股，以確保資金的流動，以及家族的主導地位。

但是，從二〇〇八年開始，有三家法國銀行通過一系列股票操作，購買愛馬仕的可轉債，背後金主正是阿諾特掌控的ＬＶＭＨ。阿諾特將這些買來的股權，藏在ＬＶ其他的轉投資海外子公司，讓所有的子公司持有愛馬仕股票都低於五％，以規避主管機關要求公布持股的細節。

二〇一〇年，ＬＶＭＨ迅速將可轉債換成了普通股，並宣布已經持有二二．二八％的股權，是除了家族成員以外最大的單一股東。愛馬仕家族得立刻進行股權保衛戰，與ＬＶＭＨ的對決。

對愛馬仕家族來說，ＬＶＭＨ只是一個大量生產、品牌操作制式化的文化工業，與家族奉行手工製作、限量供應，以獨特優越感維持產品價格的定位大相逕庭。在高級奢侈品市場上，愛馬仕品牌聲望與價值，遠超過ＬＶＭＨ現有的所有皮件品牌，二〇一一年，愛馬仕一個品牌獲利就高達五．九億歐元，而ＬＶＭＨ整個集團六十幾個品牌，淨利卻僅約三十．七億歐元。高獲利率也是ＬＶＭＨ執著於買下愛馬仕的原因。

阿諾特的併購風格在此顯現。他發現愛馬仕家族成員散居各處，有些人手中持有的股權為數稀少，不在意是否接班。阿諾特悄悄地收購了不少愛馬仕家族持股，加上市場收購。當愛馬仕現任執行長派崔克．湯瑪士（Patrick Thomas）控訴這場收購「並非友好交易」，要求阿諾特「自行退出」時；阿諾特為了降低愛馬仕家族的反彈，再度強調他從未計畫取得愛馬仕的主要股權，也不會削減家族的主導地位，他只是希望和愛馬仕家族分享經營策略，「我們會尊重愛馬仕家族的獨立性，為保存其家族和法國特色做貢獻。」

為了阻止ＬＶＭＨ的敵意收購，熟悉的法律戰又上演。愛馬仕告上法國法庭，認定ＬＶＭＨ有內線交易，並且要求以現金購買股權；而ＬＶＭＨ也狀告對方誹謗、勒索與不公正競爭。不同於古馳的是，這場併購爭霸戰反而讓愛馬仕家族成員團結起來，決定成立一家非上市家族控股公司——Ｈ51控股公司，將家族成員手中所持有的五〇．二％股權集中，凍結二十年不予外售，只能出售給其他家族成員，並對其餘家族成員所持有一二・六%的股份擁有優先購買權，直到二〇三一年為止。

不過，阿諾特已經宣稱，他手中還有其他衍生性金融商品可以兌換為股權，他也會持續地收購愛馬仕的股權。換言之，LVMH的金融收購動作絲毫沒有停戰的打算。

法國精品集團LVMH集團與愛馬仕纏訟四年的訴訟案，經過巴黎商業法院院長法蘭克・讓丹（Frank Gentin）從中斡旋後，雙方於二〇一四年達成和解。在協議中，LVMH集團會將持有的愛馬仕股權全數上繳給它的股東，擁有LVMH四〇・九%股權的最大股東Christian Dior會再將它所獲得的股權，全數分配給它自己的股東。由於阿諾特個人控股公司阿諾特集團（Groupe Arnault）擁有約七〇%的Christian Dior股權，隨著這次的股權上繳，阿諾特集團將擁有愛馬仕約八・三%的股權；不過，LVMH、迪奧和阿諾特集團在未來五年內不再收購任何愛馬仕的股權。

以戰逼和 合意換股現綜效

然而，LVMH的併購計畫並未稍停，當時精品三大集團LVMH、PPR、南非珠寶集團歷峰（Richemont），正積極擴展事業版圖，LVMH旗下雖然有很多精品品牌，但一直沒有具代表性的珠寶品牌，而歷峰擁有卡地亞（Cartier）、梵克雅寶（Van Cleef & Arpels）兩大珠寶品牌，對極欲擴張的LVMH來說，併購寶格麗（BVLGARI），勢必能為集團的事業版圖發展帶來更大的助力。

寶格麗品牌向來由義大利寶格麗家族獨立經營，二〇〇〇年時，阿諾特就開始悄悄地對寶格麗拋媚眼。二〇一一年三月，LVMH宣布以每股約十七．一美元，總金額約五十二億美元的現金及股票，併購寶格麗家族手中約五〇．四%的股權，同時公開收購小股東的股票，這是LVMH近十年來的最大併購案，且為合意合併，未來寶格麗將可派二位董事進駐LVMH董事會。

當月，寶格麗股價在市場上應聲大漲六〇%。LVMH新增發行一千六百五十萬股（每股價值一百十三歐元），交換寶格麗旗下一億五千二百五十萬股的控制性股權，寶格麗家族因此成為LVMH第二大股東，持股比率三%，僅次於阿諾特。

寶格麗執行長法蘭西斯科．特帕尼（Francesco Trapani）則被LVMH延攬，擔任鐘錶珠寶首飾業務執行長，負責包括名錶品牌泰格豪雅（TAG Heuer）、尚美巴黎（Chaumet）、真力時（Zenith）、鑽石品牌戴比爾斯（De Beers）等業務。業界咸信，雙方合作將是利多，由於LVMH在珠寶、鐘錶領域少了代表性品牌，寶格麗加入後可彌補該系列不足。寶格麗也可藉此加強新興國家據點，並獲得更多行銷資源。

精品巨獸橫向收購 全球擴展版圖

不間斷地創造時尚、擴張品牌版圖，從一九八七年至二〇一九年，LVMH集團旗下已擁有七十個品牌，年營收超過四百六十八億歐元，成為「精品巨獸」。

LVMH集團也擴張到金融業，二〇一二年，LVMH旗下的投資基金L Capital，連手中國中信產業基金，購入義大利服裝品牌歐時力（Ochirly）的一〇%股份，該投資涉及二億美元，而這項交易代表的重要意涵是L Capital首次購入中國大陸時裝品牌，且持有中國大陸公司股份。二〇一四年，集團又接連透過旗下的私募基金，收購了義大利精品鞋履集團Vicini S.p.A.旗下品牌Giuseppe Zanotti Design三〇%的股權，及翡翠餐飲集團（Crystal Jade）逾九〇%股份，足見LVMH依舊致力於事業版圖的擴張及多角化。

二〇一三年，LVMH斥資高達二十億歐元，收購義大利羊絨衣服生產商Loro Piana八成股權；接著，宣布收購英國奢侈鞋履設計師品牌尼可拉斯・柯克伍德（Nicholas Kirkwood）的五二%股權，將其納為LVMH旗下時尚部門LVMH Fashion Group的品牌，這個併購案，阿諾特的女兒德爾菲娜・阿諾特（Delphine Arnault）也參與其中，而這也讓設計師能更專注於產品設計上。

二〇一六年，LVMH斥資六・四億歐元，向德國行李箱製造商日默瓦（RIMOWA）創辦人的孫子迪特・莫爾斯策克（Dieter Morszeck）收購日默瓦八成的股權。隔年，阿諾特任命才二十五歲的三子亞歷山德・阿諾特（Alexandre Arnault）為該品牌的共同執行長，與原品牌執行長莫爾斯策克一同管理。從這些交易能看出阿諾特逐漸讓其子女參與集團的擴張及品牌的經營。

近期一項極具代表性集團重組，二〇一七年，阿諾特家族將迪奧的時裝業務以六十五億歐元出售給LVMH集團，買下Christian Dior Couture後，LVMH便擁有迪奧女裝成衣、男裝成衣、手袋、珠寶、高級訂製業務等，這項交易使集團名下的迪奧香水及美妝業務得以整合，而這也是阿諾特家族歷史上交易額最高的收購案之一。

夥伴連手整治後併購 皇冠上鑲鑽

二〇一九年十一月，LVMH斥資一百六十二億美元買下美國高端珠寶品牌蒂芙尼（Tiffany），補齊高端珠寶的產品線，創下LVMH集團成立以來最大收購。

這次不見血的平和收購，與好戰的阿諾德過去狙擊HERMÈS和古馳的硬戰手法完全不同。蒂芬妮前董事法蘭西斯科・特帕尼（Francesco Trapani）應是關鍵角色。

特帕尼的來頭不小，他是寶格麗創辦人的曾孫，一九八四年接班家族事業，將寶格麗打造成全球頂級珠寶品牌。二〇一一年以三十七億歐元賣給LVMH後，家族持有三％LVMH股權。特帕尼在換股合併後，擔任LV集團鐘錶珠寶部門負責人。不過，二〇一四年，他就轉行到義大利最大私募基金擔任主席，再轉赴品牌顧問公司任董事長。二〇一七年時，蒂芙尼股價低迷，無大股東，特帕尼率維權基金共同進場，取得三席董事，除他本人，還帶入兩個時尚品牌執行長擔任董事，並任命了他在寶格麗的老班底擔任蒂芙尼新的執行長。

特帕尼入主蒂芙尼時，股價約九十美元，新團隊展開一連串改革，包括年輕化、向潮牌學習、拓展新興市場業務。二〇一九年，蒂芬妮股價漲至一百二十美元，特帕尼悄悄出脫持股；而阿諾特「湊巧」也在此時公開收購蒂芙尼，禮貌性加價一次後，交易即順利完成。

在高端奢侈品行業，LVMH最大的競爭對手為歷峰集團（Richemont），其在珠寶手錶的「硬奢侈品」（Hard Luxury）營業額約達一百億歐元。反觀LVMH，強項為服飾香水，雖然在二〇一一年併購寶格麗，但仍須補足蒂芙尼，才能力抗歷峰，相信這才是阿諾特願意花心思等待、出高價的主因。

重組控股結構 形成三層控股集團

阿諾特集團原先持有迪奧公司七四．一％和愛馬仕八．三％股份。二〇一七年四月二十五日，阿諾特透過阿諾特集團，以一百二十一億歐元持續收購迪奧公司剩下的股權，以鞏固迪奧公司的控制權。

此次交易，阿諾特集團的交易計畫中要約價格為每股二百六十歐元，比前一日收盤時，迪奧公司的股價高一四．六％；同時間，又以每股支付一百七十二歐元現金，加上〇．一九二股愛馬仕集團股票（以阿諾特集團原本持有八．三％股權支付），收購其他股東手中剩餘二五．九％的集團股份。

自此，迪奧公司剝離Christian Dior高級時裝業務，不再經營任何實際業務，轉型成為上層控股公司，並擁有ＬＶＭＨ四一％的股權和五六．八％的投票權，阿諾特集團直接擁有ＬＶＭＨ五．八％的股權和六．三％的投票權。而ＬＶＭＨ將Christian Dior高級時裝品牌及ＣＤ香水和美妝業務整合。ＬＶＭＨ集團，成為阿諾特集團持有迪奧控股，再持有ＬＶＭＨ的三層控股架構。

ＬＶＭＨ透過收購Christian Dior高級時裝業務，不僅加強集團的時尚及皮革製品部門，也為集團投資組合增加一個快速增長的品牌，同時在高潛力市場進行投資，例如美國、俄羅斯、日本和中國大陸。

啟示：建立集團核心成長引擎 打造明確商業模式

在精品同業眼中，阿諾特不曾親自創造出ＬＶＭＨ任何一個品牌，甚至被視為是掠奪ＬＶ家族、酩悅家族經營權的人。

客觀地說，阿諾特有無比的決斷力，不僅投入自身現金，並說服家族成員抵押家當進行槓桿收購，抓住機會大膽進行第一次轉型。他眼光獨具，與投資銀行合作，運用資本市場的工具與手段，出售非核心資產大幅獲利，並進行非常規的操作策略，反客為主反向收購，改造商業模式，打造時尚奢華品牌。不僅進行重大收購，同時，亦建立集團核心成長引擎與明確的商業模式，緊抓著重大決策，但大幅啟用專業經理人，讓他們有發展空間。

檢視阿諾特家族過往三十年的成長歷程，身為第三代的阿諾特，已將ＬＶＭＨ經營的品牌橫跨時裝、皮件、香水、化妝品、手錶、珠寶和酒類等，成為全球品牌龍頭。成功結合實業、營運與金融操作，透過不斷地整併與收購，屢次轉型成功，將ＬＶＭＨ帶入一次次的成長高峰，市值於二〇一九年底達到二千三百四十二億美元，成為世界最大的精品集團，可做為亞洲家族企業轉型成長的借鏡。

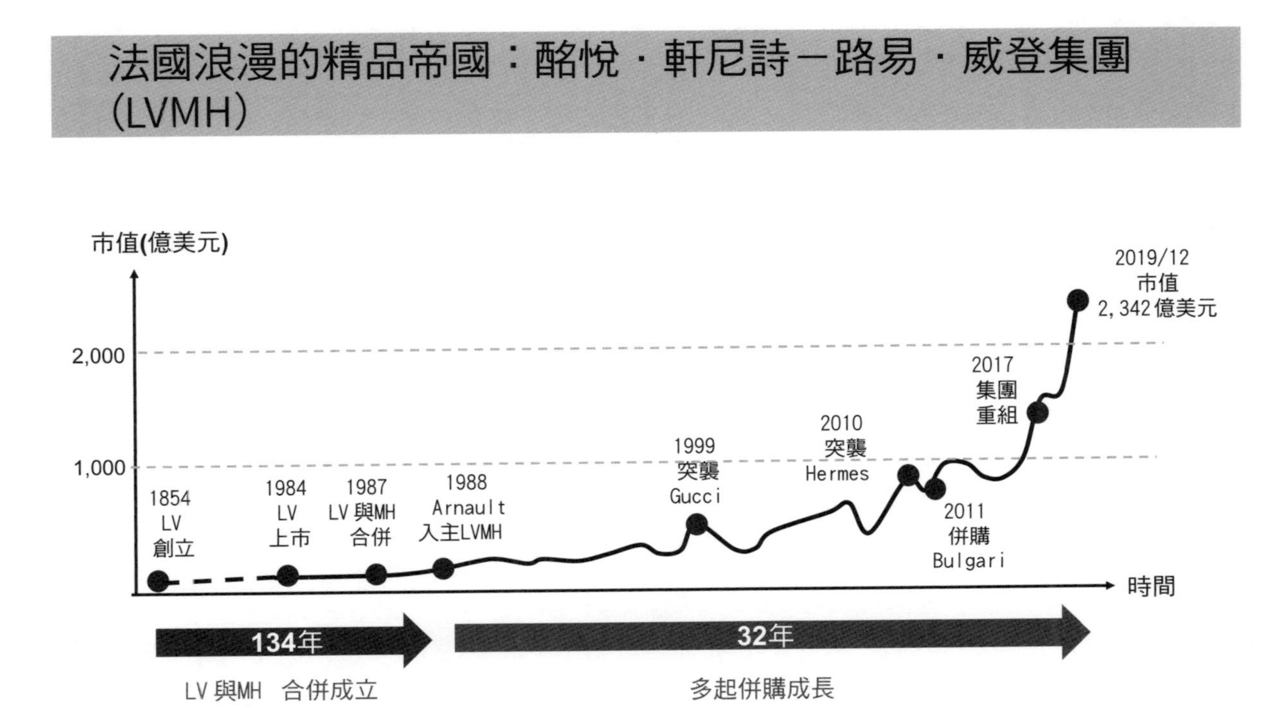
法國浪漫的精品帝國：酩悅・軒尼詩－路易・威登集團（LVMH）
市值(億美元)
2,000
1,000
1854
LV
創立
1984
LV
上市
1987
LV與MH
合併
1988
Arnault
入主LVMH
1999
突襲
Gucci
2010
突襲
Hermes
2011
併購
Bulgari
2017
集團
重組
2019/12
市值
2,342億美元
時間
134年
LV與MH 合併成立
32年
多起併購成長

Notes

參考文獻及延伸閱讀： 1.LVMH 官網 /2.Paul-Gerard Pasols, Pierre Leonforte, (2012), Louis Vuitton: The Birth of Modern Luxury/3. J. Hoffmann, I. Coste-Manière, (2012), Luxury Strategy in Action/4.Ashok Som, Christian Blanckaert, (2015), The Road to Luxury: The Evolution, Markets, and Strategies of Luxury Brand Management/5. 高皓、葉嘉偉 (2014)，愛馬仕捍衛家族之戰：股權為骨，價值觀為魂。清華金融評論 /6. 蔡鴻青、企業發展研究中心 (2013)，LVMH 精品帝國的轉型與併購。董事會評論，第二期，6-15/7. 蔡鴻青 (2019)，幫珠寶鑲上皇冠的那雙手 LV 天價迎娶 Tiffany 內幕。財訊雙週刊，596 期。

飛利浦（Philips）

荷蘭科技龍頭的創新與轉型

一八九一年創立於荷蘭的皇家飛利浦電子公司（Koninklijke PhilipsN.V.），成立之初由創辦人傑拉德．飛利浦（Gerard Philips）與父親佛羅德里克．飛利浦（Frederik Philips）、弟弟安東．飛利浦（Anton Philips）合力經營，從白熾燈泡起家，在短短幾年內便躋身全球最大燈泡製造商之列。

創新一直是飛利浦公司（Philips）的基因，傑拉德於一九一四年就成立第一間研究實驗室NatLab，讓飛利浦在二十世紀初期的若干重要創新發明中，扮演了相當關鍵的角色，包括：Ｘ光和放射線方面的創新技術、第一款收音機、旋轉式電動刮鬍刀、一九六三年問世的卡式錄音帶，以及一九八二年的世界第一張ＣＤ光碟。飛利浦二〇一九年的銷售額為二百一十八億美元，在全球一百多個國家擁有約七萬七千名員工，二〇二〇年六月底的市值達到四百一十七億美元。

一百二十九年來，飛利浦經過家族退出與多次轉型，在八〇到九〇年代多角化擴張，投資合資對象包括台積電、ＬＧ等新興亞洲重要科技公司，讓飛利浦在全世界的影響力舉足輕重。然而，卻因日本品牌廠商的崛起，讓飛利浦陷入苦戰。專業經理人團隊於二〇〇〇年開始執行分拆與重整，甚至大膽切割起家產業「照明」，重新聚焦於「健康」領域，並以其研發優勢，開發醫院使用的影像系統，乃至於家庭護理用品，希望重新擦亮飛利浦百年品牌。

關鍵轉折I
家族金援 技術新創起家

飛利浦的創辦人傑拉德生於荷蘭富商之家，但身為長子的他沒有興趣繼承家族生意，反而對科學技術十分著迷，一八八三年，他從台夫特高等技術學院（荷蘭台夫特理工大學的前身）機械工程學系畢業，先後在荷蘭和蘇格蘭的船廠工作。

當時是一個科技日新月異的年代，電動馬達、電燈、電報、電話相繼問世，電氣革命即將改變世界。一八六五年，燈泡發明後，陸續有許多科學家加以改良；一八八〇年，發明大王愛迪生（Thomas Alva Edison）發明了以碳絲通電可連續照明一千二百小時的白熾燈，點亮了世界。至此，實驗室裡曲高和寡的發明終於走進大眾市場，成功量產。

這自然引起了傑拉德的濃厚興趣，在蘇格蘭工作的見聞更是令他印象深刻：大城格拉斯哥的船塢、工廠、海濱、街道、商店、劇院等都紛紛裝上白熾燈。白熾燈似乎也照亮了傑拉德的事業生涯。

一八八六年秋天，傑拉德進入蘇格蘭格拉斯哥大學，拜在熱力學之父威廉．湯姆森（William Thomson）門下一年，積極研習電力照明和傳輸的最新知識，之後進入德國電器公司（Allgemeine Elektricitäts-Gesellschaft，AEG）工作，獲得生產、管理和國際貿易方面的經驗。

製造白熾燈 實驗與創業並進

一八九〇年夏天，儘管愛迪生製造出可商品化的電燈已經十年，但燈絲仍然是燈泡製造中最薄弱的環節。傑拉德意識到，只要能找到經久耐用的燈絲，確保白熾燈泡品質穩定，並得以低廉的成本大規模生產，就是成功創業的最大機會。此時，傑拉德遇見了朋友楊．約可．里斯（Jan Jacob Reesse），這位化學工程師一直在鑽研這個問題，兩人一拍即合，開始實驗。

他們成功了！由傑拉德主導研發的碳絲燈泡燈絲成分一致、性能穩定、成本合理，同時也找到如何將燈絲置入玻璃燈泡、把燈泡抽成真空，以及燈座電線連接的技術竅門。但這些創新需要工廠生產才能付諸實現，於是飛利浦公司在第二年誕生，經營範圍就是製造白熾燈和其他電器產品。

但是，里斯在一八九〇年底決定中斷合夥關係，當時傑拉德自然想到找父親佛瑞德里克資助。佛瑞德里克不僅把祖傳的菸草、咖啡貿易經營得很好，還跨足其他領域，成為富裕的大地主、銀行家和工廠老闆。他過去也非常支持兒子的創業計畫，因為他曾在家鄉經營煤氣燈照明的公用事業，知道電燈普及代表的意義。

傑拉德不斷鑽研完善碳絲燈泡的生產方法和流程，公司成立一年後才正式投產。一八九二年，歐洲市場消費一千萬支白熾燈泡，其中飛利浦賣了一萬一千支，兩年後上升至七萬五千支。

一八九〇年代，歐洲的燈泡市場由德國AEG、西門子及霍斯克（Siemens & Halske）及荷蘭飛利浦三分天下，一度陷入價格戰。AEG為了擊敗對手，在一八九一年先將價格壓到了一個燈泡一荷蘭盾，一八九四年跌到了兩毛五荷蘭盾，許多廠家紛紛倒閉；但，年輕的飛利浦公司卻在那一年首次盈利，要歸功於安東．飛利浦（Anton Philips）的加入。

兄弟分工 齊力打造跨國企業

傑拉德擅長製造和研發，但不善於經營，太快擴充產能一度導致公司瀕臨崩潰。一八九五年，傑拉德找弟弟安東進公司負責銷售。安東擁有協商的天賦和膽量，幾乎不會說俄文的他，在一八九八年單槍匹馬挑戰俄羅斯市場，靠著比手畫腳和畫圖，為飛利浦爭取到一筆大訂單。

由於安東為公司帶來的商業活力，公司開始快速成長。一九〇七年，陸續成立飛利浦金屬絲電燈泡有限公司（N.V.Philips'Metaalgloeilampfabriek）和飛利浦電燈泡有限公司（N.V. Philips'

Gloeilampenfabrieken），由傑拉德和安東共同經營，為後來的電子跨國企業打下基礎。

一九一二年，安東在美國成立合資企業，不到幾年即從當時的市場巨人奇異（GE）手中搶下一〇%市占率，對奇異構成威脅。同一年，安東讓飛利浦在阿姆斯特丹證交所上市，家族持有五五%的股份，飛利浦由私人企業成為公開發行公司。

自電燈問世以來，包括愛迪生在內的許多歐美人士都在尋找更好的燈絲，愛迪生電力照明公司（Edison Electric Illuminating Company，後併購成為奇異）也在各國開展業務，並對競爭者提起專利訴訟。而新生的飛利浦免受這項困擾，因為荷蘭直到一九一二年才通過專利法，承認並保護外國專利。但在此之前，飛利浦已獲得足夠的時間，讓企業生存發展。

成立實驗室　奠定百年創新的心臟

主導美國市場的奇異，在一九〇〇年設立實驗室，一九一〇年實驗室研發出又輕又亮的鎢絲燈泡，在當時是非常重要的創新，也讓奇異一直穩坐市場領導者的位子，並對歐洲市場具有很大的影響力。後來，德國的主要燈泡廠西門子及AGE與奇異簽署專利分享協定，對飛利浦造成非常大的威脅。

這次危機讓傑拉德和安東體認到，不能再以生產製造為主，公司要有自己的專利技術才能在市場上占有一席之地，於是傑拉德在一九一四年建立飛利浦的實驗室 NatLab（Natuurkundig Laboratorium，荷文意為物理實驗室）。傑拉德非常關心實驗室的狀況，據說每周六上午十一點都會去巡視。

NatLab 最早期的成果之一便是 Arga Lamp（英文 Argon lamp，氬氣燈），這種燈泡裝有惰性氣體「氬氣」，能降低金屬燈絲的昇華程度，非常適合用於家庭照明，以及汽車、投影、電影院、燈塔與探照燈。

一九一四年時，NatLab 的主導者是年僅二十九歲的物理學家吉利．霍斯特（Gilles Holst），當年他毛遂自薦向飛利浦申請博士後研究，受到傑拉德賞識，於是開始在飛利浦從事研發工作。實驗室一開始只有霍斯特和艾科．歐斯特豪斯（Ekko Oosterhuis）兩位科學家。霍斯特原先學習電子工程，但後來轉換跑道到物理領域；歐斯特豪斯同樣出身物理系。一九二〇年，主要研究氣體放電的赫茲（G. Hertz），加入 NatLab 後，他的投入也讓實驗室與公司產品緊密連結。

多角發展 從照明跨足醫學與消費電子

一九一七年，有醫師委託 NatLab 修理無法送至德國維修的故障 X 光燈管，促使飛利浦自此開始發展醫療保健業務。透過加強吹製玻璃的技術、燈絲技術、真空抽氣，以及白熾燈製程的其他技術，讓公司很快就能自行製造X光管。

從一九一八年推出醫學用X光燈管開始，標誌著飛利浦字樣的產品開始朝多元化方向發展。一九二二年，飛利浦和英國實驗室合作製造X光機，實驗室開始出現新氣象，飛利浦也踏出多角化經營的第一步。同年，六十四歲的傑拉德退休，交棒給弟弟安東。

一九二〇年代，NatLab開始以無線電與電子技術做為實驗研究的焦點，對飛利浦若干重要產品的研發產生深遠影響。NatLab在一九二三年推出節能型收音機真空管Miniwatt，並在一九二六年發明陰極射線管，因而聲名大噪。飛利浦的第一款收音機在一九二七年問世，完全採用自製零件。飛利浦也於該年首度以短波無線電廣播的方式，成功與荷屬東印度群島通訊。

飛利浦所有的產品都從NatLab出來，它成了飛利浦競爭的核心價值，為公司產品帶來多樣性，並透過專利保障產品。放眼全球，NatLab當時無論就大小或規模，都與GE的研究實驗室旗鼓相當。

一戰受惠中立 二戰轉戰美國

第一次世界大戰期間，國際局勢對德國不利，而荷蘭因維持中立，進口受到限制，反而使飛利浦產品獨占整個荷蘭市場，取代德國品牌的地位。在這段被戰爭隔離的期間，飛利浦把握機會發展X光機的研究。因未被戰爭波及，戰後經濟不受影響，反而從歐洲各國賺到一大筆錢。

一九四〇年，二戰戰火波及荷蘭，安東帶著一家人及大量公司資本逃到美國，戰爭期間都在美國管理、經營北美飛利浦公司（North American Philips Company），同時將公司註冊地轉移到荷屬安地列斯，以保持荷商身分。但因飛利浦與另一家美國電子消費品廠牌飛歌（Philico）的發音過於相近，無法合法使用 Philips 的名稱，於是從 North American Philips [Electrical] Company 衍生出另一個名字 Norelco（中文名為力科），以此銷售飛利浦個人電器用品。

飛利浦在美國繼續發展的同時，大西洋的另一頭，安東的兒子弗里茨．飛利浦（Frits Philips）是唯一留在荷蘭的家族成員。他讓納粹相信在飛利浦中的三百八十二名猶太員工，是生產過程中不可或缺的人力，成功保住他們的性命。

一九四五年二戰結束，飛利浦遷回荷蘭。因為弗里茨的留守，許多祕密工廠在二戰期間未曝光，使得飛利浦能快速恢復產能。

加速創新 戰後多頭馬車衝刺

第二次世界大戰期間，為了不讓德國輕易取得專業技術，弗里茨提供錯誤的研究報告，並謊報實驗室當時的研發計畫，因而保住先進技術。

二戰結束後，公司重新整頓，為了讓公司架構趨於完整，成立了產品發展部，每一項產品都有一個專屬的實驗室負責，由產品發展部直接與自身的實驗室接洽。飛利浦的研發方向一下子拓展開來，實驗室數目增加，也讓飛利浦公司產生許多專利。

一九六一年，弗里茨接任公司總裁，雖然是創辦家族第二代成員，但他強調技術創新，引領飛利浦推出許多重要的技術成果，確立幾十年的創新領導地位，例如一九六二年發明卡式錄音磁帶（隔年上市）、一九六三年推出卡式錄放音機、一九六五年生產了第一個積體電路（IC）。弗里茨還帶領公司走出荷蘭，將業務擴展到南美和亞洲，成為一家跨國公司。同時，飛利浦也是第一家在台灣開展業務的歐洲公司。

儘管這時每項產品都有專屬的實驗室，但是NatLab的地位仍然非常重要。NatLab在這段期間致力於研究自然現象，將從自然現象延伸出來的技術應用到產品上。

不過，公司內同時有NatLab和產品發展部，多個部門同時進行研發，導致分工不明確，彼此又缺乏協調與溝通。NatLab的發明，產品發展部無法實際應用；產品發展部對於NatLab又無實質影響力，無法全盤主導研究架構。再加上一九六〇年代前期，社會對於科學抱持批判的態度，又碰上經濟不景氣，對NatLab和飛利浦造成相當大的衝擊。

產品部門整併實驗室 技術實力大增

一九七二年之後，弗里茨的妹婿漢克・凡・蘭斯戴克（Henk van Riemsdijk）以「七〇／三〇法則」來管理創新提案，也就是研發中心七〇%的提案，必須附帶研究提案書，並獲得五個既有事業單位的支持，由這些事業單位提撥經費贊助；另外，三〇%則容許投入前景不確定的技術研發，由公司董事會支持，從公司總營業額中提撥一%贊助。

一九四六年起，NatLab 在凡・蘭斯戴克的帶領下，獲得空前的成功與成就；但是，一九七二年，NatLab 主持人，著名物理學家亨德里克・布魯特・格哈德・卡西米爾（Hendrik Brugt Gerhard Casimir）退休後，NatLab 的地位就下降了。一九七三年碰上石油危機，公司的財務負擔增加，無力再負擔高昂的研發費用，導致 NatLab 過去非常自豪的基礎研究逐漸式微。NatLab 的重心因而逐漸轉移，與產品發展部走向合作之路，兩個劍拔弩張的實驗室出現和解的契機，並找到研究的平衡點。這段期間的許多研究都應用在產品上，也發展出有用的專利權。

兩個實驗室合作後，研究方向變成由產品發展部主導，再加上 NatLab 強大的研發動能，使飛利浦的科技技術蒸蒸日上。這段期間最重大的發明，包括一九八二年生產全球第一張ＣＤ光碟，由飛利浦與ＳＯＮＹ共同開發。兩家公司自一九七九年即成立聯合工程師研發團隊，設計出新的數位音樂光碟，許多規格如光碟片的直徑等都在隔年完成制訂。ＣＤ的發明，使得消費性電子成為飛利浦八〇到九〇年代營收的主力。

關鍵轉折Ⅱ

四十年轉型路 馬不停蹄

一九七七年後，飛利浦家族成員逐漸淡出事業，開啟長達四十年的轉型路。從縮減事業部門，退出消費性電子市場，到專注核心高端研發，都宣示飛利浦要擺脫沉重的歷史包袱，開創新的事業版圖。然而，在企業重組與整合的過程中，歷任CEO的應變方法卻履陷「頭痛醫頭，腳痛醫腳」的困境，未能闖出柳暗花明的新路。

凡・蘭斯戴克是最後一位留在董事會的飛利浦家族成員。他於一九三四年進入飛利浦，後來娶了安東的女兒亨麗瑞特・飛利浦（Henriette Philips），因而坐上CEO的位子。凡・蘭斯戴克接任CEO時，公司狀態相對穩定，不過，凡・蘭斯戴克在經營策略上僅止於守成，維持原來的經營模式。在內部管理上，他的功績之一是平息了NatLab與產品發展部之間的紛爭。

家族退出 專業經理人治理

一九七〇年之後，亞洲復甦，靠著低廉工資降低製造成本；相形之下，歐洲工資昂貴，飛利浦的產品在價格上失去優勢，許多小工廠因而倒閉。

當時，飛利浦轉而將力量集中在大量生產較具競爭力的消費性電子，靠實驗室繼續維持公司前進的動能。不過，在凡．蘭斯戴克經營的後期，飛利浦的虧損愈來愈大。由於家族中無人有能力挑起公司的重擔，於是在一九七七年指定專業經理人工程師尼科．羅登堡（Nico Rodenburg）接下CEO。羅登堡在飛利浦年資很長，並已進入董事會，瞭解公司營運狀況。他的上任，宣告飛利浦從家族企業轉成由專業經理人治理。

羅登堡是第一位非飛利浦家族成員的CEO，擁有工程背景，在NatLab工作多年，熟悉公司研發狀況，擔任通訊部門主管表現良好，進而被拔擢為CEO。

由於這段期間世界的發展趨勢是電腦、國防系統、通訊設備等，飛利浦需要有人整合產業與研發技術，羅登堡因而被視為是接任CEO的最佳人選。他上任後重整公司組織，縮減部門以降低成本。當時，日本企業以低價傾銷市場，致使飛利浦產品市占率下降，加上歐洲人力成本高昂，連一向照顧勞工的飛利浦也不得不進行大規模裁員，因而引起反彈。

為挽回頹勢，除了降低製造成本，羅登堡也決定重組光電部門的生產線，提高生產效率；並且投資德國知名家電商根德（Grundig），買下二五%的股權，希望透過併購增加市占率。

大幅裁併業務 卻遭對手品牌超越

一九八二年，威斯・戴克（Wisse Dekker）接任第二任ＣＥＯ，他的任務是對抗日本品牌，加強美國市場。

戴克在一九四八年進入亞洲市場，一九六六年成為飛利浦遠東地區的總經理，一九七二年回到歐洲並調任英國，一九七九年回到總部工作，最後在一九八二年成為ＣＥＯ。當時的飛利浦，在日本產品的進逼之下，苦無喘息的空間，希望借助戴克長年旅居亞洲的經驗，卸除日系廠商的威脅。

戴克是個非常有野心的人，相較於前任ＣＥＯ，對於裁員毫不猶豫，光在歐洲就一口氣關掉四十家公司、近二百間工廠，並提高研發部門預算，增加公司產品競爭力。在他任內併購根德和西屋（Westinghouse）在北美的照明業務，並在一九八一年買下和公司名稱相近的飛歌（Philico）。不過，雖然買下飛歌，但在美國市場，決定繼續沿用力科（Norelco）品牌。雖然未能一舉將飛利浦的品牌打進美國市場，但這筆收購對集團來說是一項正確的決定。

戴克還和美國固網龍頭ＡＴ＆Ｔ以五〇／五〇的出資比例，成立合資企業，製造電話通信設備。這項合作案為彼此省下近百萬美元的研發經費。

出售非核心加裁員 難解財務困境

戴克雖然銳意擴張，但日系3C品牌席捲全球消費性電子市場，松下電器（Matsushita，統一品牌名稱為Panasonic）還是搶下龍頭寶座，飛利浦落居第二，而北美競爭對手GE的毛利率是九%，但飛利浦竟然只有一%到二%。

五年後，新的CEO科爾・凡-德-克魯特（Cor van der Klugt）於一九八七年上任，著手出售非核心部門，出售飛利浦國防業務，並將原有的十四個部門縮減為四個核心部門，縮減董事會人事，總部裁員三千人。

凡-德-克魯特為了更瞭解競爭者，將視聽部門與電動刮鬍刀的生產線設在日本，醫療事業與家電設在美國，讓公司的布局更加全球化。

他的另一項貢獻便是收回美國子公司的主導權。美國子公司距離荷蘭母公司遙遠，鞭長莫及無法管理，一直是飛利浦非常頭痛的問題。凡-德-克魯特上任後，花了七億美元買回股份，將一直無法控制的美國子公司收歸荷蘭母公司旗下。

不過，董事會原以為凡-德-克魯特的改革可改善公司的財務狀況，在公布盈利數據之前，凡-德-克魯特也對外堅稱飛利浦財務體質變好，但一九九〇年第一季財報數字出來，不包括出售國防部門的一次性收益一・七億美元，淨利竟然只有三百一十五萬美元，僅為前一年度第一季的淨利一・一億美元的三分之一，經營團隊歸咎於匯損與利差導致的虧損，但凡-德-克魯特及半數管理層還是在任期屆滿前就遭到撤換。

屠夫下重手避破產 淨虧仍難免

一九九〇年飛利浦有四十萬名員工、五百家子公司、三十個產品部門，若以當時企業成長的模式來看，飛利浦的成長幾乎已到了極限；然而，雖然規模很大，但各子公司和產品線之間缺乏整合及一致的行銷策略，使得飛利浦的市場占有率和利潤不斷下降，幾乎瀕臨破產邊緣。公司股票因此在五年間蒸發掉十六億美元市值。

面對如此嚴峻的挑戰，一九九〇年，楊・蒂默（Jan Timmer）上任CEO後，就開始進行大幅改造，裁員六萬八千人，並要求一百位高階管理者承諾績效目標，一旦失敗即行撤換，讓他因而被冠上「屠夫」的惡名。

蒂默的鐵腕措施使飛利浦一九九五年的淨利提升至十一・四三億歐元，逃過破產危機。但財務問題仍在，新技術投資亦未如預期，數位錄音帶（Digital Compact Cassette）輸給SONY的

ＭＤ隨身聽，互動多媒體ＣＤ播放器ＣＤ－ｉ虧損十億美元，導致一九九六年淨虧損達二．六八億歐元。

同時，蒂默的作為還引發了兩個問題：一、過度裁員導致瞭解重點業務與新技術的人員不足；二、注重降低成本導致忽略全球市場的產品細分需求。

蛋糕操盤手接棒 聚焦電子元件

一九九六年，董事會痛下決心，請來為荷蘭食品巨人莎莉公司（Sara Lee）瘦身有功的彭世創（Cor Boonstra），出任公司成立一百一十年以來第一位「非飛利浦人」的執行長。

彭世創十六歲就離開就讀的荷蘭的和吉爾．伯格學校（Hogere burgerschool），在聯合利華工作了二十年才離開，到莎莉公司任職，最終當上董事長，二十年後離開。

一九九四年初，蒂默邀請彭世創加入飛利浦董事會，為飛利浦品牌注入新的活力。由於他的表現亮眼，讓他成為第一順位的繼任人選，並在兩年後接下蒂默的棒子。

彭世創上任後提出「電子產業一條龍」的策略，處分或退出四十項獲利不佳或非核心事業，包括知名的寶麗金唱片（Polygram）和根德。他將企業總部由立足百年的創始地恩荷芬，移至商業中心阿姆斯特丹，提升飛利浦品牌曝光度。

二〇〇〇年，飛利浦將全球被動元件部門以逾一百八十億元台幣的天價賣給台灣國巨，寫下台灣企業當時最大規模的海外收購紀錄。台灣飛利浦曾經是飛利浦在海外成長最快、獲利最高的分公司，也是台灣最大的外商公司。在彭世創一聲令下，台灣飛利浦開始瘦身，從一九九七年的一萬二千人，到二〇〇一年縮減至約四千五百人。

彭世創重視消費性電子和關鍵零組件的投資，陸續併購超聲波系統製造商 ATL Ultrasound、半導體設計與製造廠商ＶＬＳＩ、ＩＴ服務供應商 Atos origin。一九九九年，與韓國面板廠商樂金電子（ＬＧ）合資成立顯示器廠商 LG Philips Display，但這些作為也為日後埋下隱憂，導致產品組合過度集中於高波動性、大量生產的商品，且研發也未能以市場為導向。

彭世創在飛利浦四年期間，將公司淨資產從一七％提升到二四％，是近幾任ＣＥＯ中唯一達成就職宣誓目標的人。但飛利浦本質上是一家以研發驅動成長的公司，彭世創沒注意到這點，僅對公司做財務上的處理，仍未能給予集團明確的策略定位；只是止血，沒有治療。

關鍵轉折III

轉型的斷捨離之路

千禧年網路泡沫之際，五十四歲的柯慈雷（Gerard Kleisterlee）在二〇〇一年由飛利浦內升擔任CEO。柯慈雷於一九七四年進入飛利浦工作，一九八一年到一九八六年，擔任影音部門的總經理，之後擔任全球顯示器部門的總經理。他上任CEO後，毅然決然出售不賺錢的顯示器部門，並出售半導體事業投資如台積電（TSMC）之持股，確立飛利浦的核心事業為醫療、照明和生活。

當時，飛利浦財務困窘，不僅在於顯示器市場陷入紅海苦戰，毫無利潤可言，LG Philips Display更被美國政府以違反反壟斷法，被處以高達四億美元的罰款，因此從二〇〇六年起，柯慈雷就開始到處尋找買家，終於在二〇〇八年將三成股份賣回給樂金。

二〇〇六年，柯慈雷將飛利浦半導體事業部八〇．一%的股份，賣給國際私募基金KKR、銀湖資本等共同出資成立的私募基金集團，飛利浦仍持有一九．九%股權，該公司爾後成為恩智浦半導體（NXP），交易總額為一百零六億美元（含五十一億元負債），估計飛利浦在扣除成本與相關租稅後，這次交易可取得八十二億美元，終於解決了飛利浦財務的燃眉之急。

值得一提的是，柯慈雷曾任台灣區和亞太區總裁，後來主要管理大中華區，對亞太市場十分瞭解。這樣的人事調度，顯示飛利浦整頓亞太市場的決心。

退出低價競爭的半導體市場和顯示器後，柯慈雷將公司整體策略改為醫療照護、照明與優質生活三大新事業領域；而且，為了改善飛利浦在美國的品牌形象，於二〇〇五年將公司定名為Philips Norelco。

柯慈雷對集團最大的貢獻是定位公司未來的發展，也為集團部門分拆埋下伏筆。

退出照明本業 出售並分拆上市

二〇一一年，萬豪敦（Frans van Houten）出任飛利浦總裁兼首席執行長，繼續不斷為公司瘦身，精簡業務以求提升集團利潤率。由於未能跟上消費性電子產業的發展，遂決定逐步退出手機市場和電視市場，但依然未能轉虧為盈，持續低迷的消費性電子業務已成為不得不甩掉的包袱。

萬豪敦從鹿特丹伊拉斯摩大學經濟系畢業後，就進入飛利浦工作，負責過消費性電子行銷、半導體業務。他的父親曾為飛利浦的董事，負責管理NatLab，因此萬豪敦相當瞭解創新是飛利浦的企業核心，他上任後，努力再現一百年前管理層與實驗室合作的榮景。NatLab的研究重心，目前多放在研發高端醫療產品，燈泡及其他產值較低的產品比重降低。據瞭解，他將六成研發費用，都投注於軟體研發。

從二〇一四年起，他將業務再度重整並分拆為二：照明業務併入ＬＥＤ和車用照明業務，成立「飛利浦照明公司」（Philips Lighting N.V.）；消費產品與醫藥部門則合併成「飛利浦醫療科技公司」。整頓完成後，萬豪敦宣布要將飛利浦照明的八〇．一％股份出售給中國金沙江資本（Go Scale Capital），卻遭到美國證監會以國家安全為由阻撓，歐洲業務無法賣給中國大陸，交易被迫中斷。

二〇一六年，飛利浦照明將其ＬＥＤ照明部門「Lumileds」的八〇．一％股權，以十五億美元售予美國私募股權巨擘阿波羅全球管理公司；同年，飛利浦照明在荷蘭阿姆斯特丹泛歐證券交易所首度公開發行，掛牌交易，確定往可見光通信（LiFi）、物聯網時代的智慧照明領域邁進。二〇一八年，飛利浦照明確定更名為昕諾飛（Signify N.V.）。

二〇一八年底，萬豪敦更具決心地將小金雞——生產雷射二極體（VCSEL）的全資子公司飛利浦光學（Philips Photonics），賣給德國雷射技術與工業機具廠創浦（TRUMPF）集團。

重新聚焦醫療核心 再度崛起

分拆出售的同時，萬豪敦投注了近五十億歐元，收購近二十家醫療相關企業，包括在二〇一五年，以十二億美元收購美國導管儀器大廠火山（Volcano）；二〇一七年六月，以二十一．六億美元併購美國心臟儀器製造商 Spectranetics Corp，種種舉措都確立了飛利浦要往健康科技發展的決心。

從營收結構來看，二〇一一年時，飛利浦的家電事業占比一半左右，但到了二〇一八年時，已轉型成百分之百的醫療保健企業，利潤連四年成長，營業利益率達到九．八％，將資源全部集中於門檻高、盈利能力強的醫療保健業務。飛利浦目前市值四百一十四億，二〇一八年營收二百一十四億。柯慈雷也是近年首位獲得董事會青睞，任期得以連任的CEO。

其實，不僅飛利浦，奇異（GE）和西門子（Siemens）兩家歐美最老牌的電燈製造商，前幾年也不約而同地淡出照明業務，並陸續轉型，做法值得玩味。

其中，西門子動作最快，早於二〇一三年將照明事業獨立成歐司朗（Osram）上市，二〇一七年出清持股。另外，分拆醫療業務成立 Siemens Healthineers，於二〇一八年上市，迄今仍持有八五%持股，將進一步分拆天然氣與電力，專注數位工業。分拆醫療後，西門子母公司於二〇一九年市值為九百三十億美元，醫療子公司市值為四百二十億美元，二〇一八年營收一百六十億美元。集團合併市值約一千三百五十億美元。

比較飛利浦和西門子兩種不同的分拆策略（至二〇一九年止）：第一，從公司來說，飛利浦市值漲了七六%，西門子母公司跌了二八%，母子合併成長一三%。第二，從兩者股東的總報酬（市值增長加上股利）來說，二〇一四到二〇一八年，飛利浦股東所得大概是西門子母公司股東的十倍。第三，對醫藥事業來說，飛利浦營收業績成長了二．一倍，西門子醫療不漲反跌一六%。

而動作最慢的奇異，二〇一七年準備出售醫療業務，二〇一八年營收約一百九十七億，占集團總營收約一六%。消息發布後時隔三年，在二〇二〇年五月宣布，以約二．五億美元出售照明事業 GE Lighting 給美國智慧居家自動化系統商 Savant Systems。

啟示：經營策略要懂斷捨離，抓住轉型新契機

以照明起家的飛利浦，退出藉以發跡的照明事業是一個指標，也是消費性電子產業格局變化的縮影。在照明和顯示器的生產技術和成本上，歐洲與日本企業已拚不過韓國與中國大陸。

歷史悠久的大公司，面對產業變化時，往往調整緩慢，錯過了發展的時機，加上消費性電子領域整體利潤率下降，許多公司已無心戀戰。不只飛利浦，西門子或奇異，都已將重心轉移到醫療產業，轉型動作或快或慢而已。

目前飛利浦雖然因為退出消費性電子市場，使其營收規模較日本松下（Panasonic）小，但市值卻大幅超越，未來是否能重返榮耀值得持續期待。

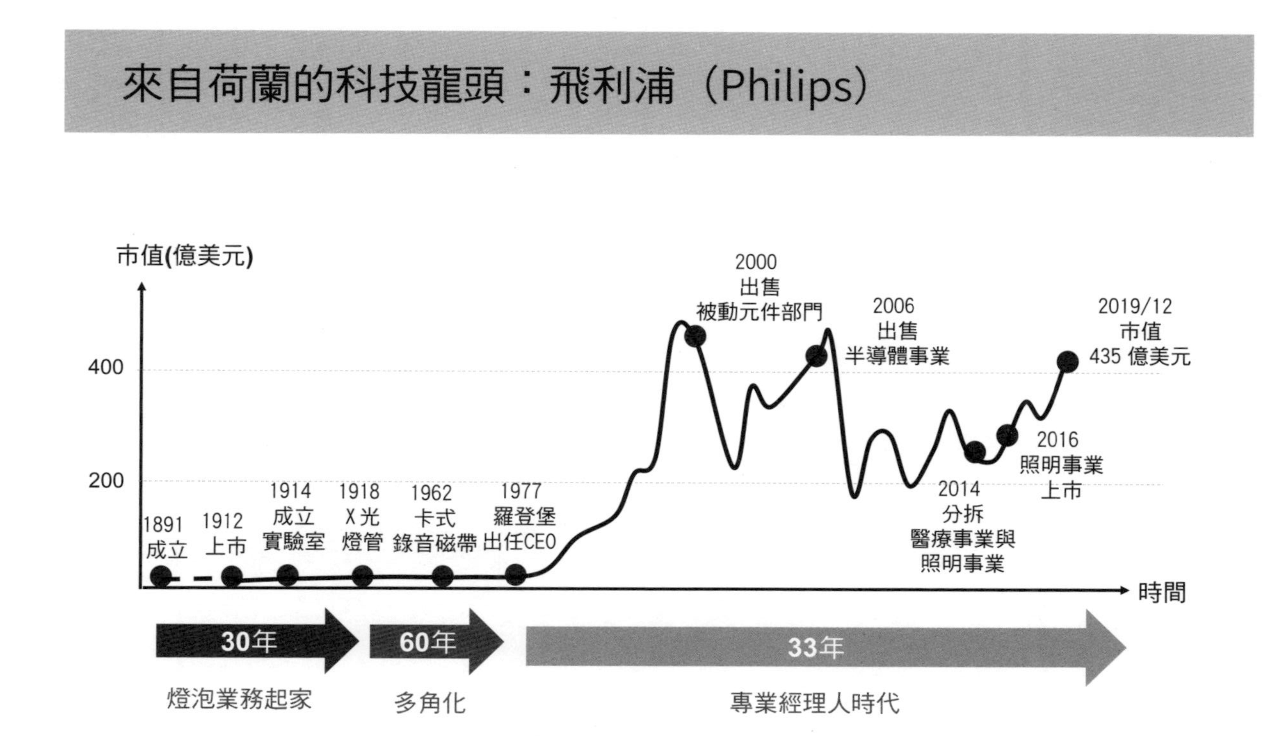
來自荷蘭的科技龍頭：飛利浦（Philips）
市值(億美元)
400
200
1891 成立
1912 上市
1914 成立實驗室
1918 X光燈管
1962 卡式錄音磁帶
1977 羅登堡出任CEO
2000 出售被動元件部門
2006 出售半導體事業
2014 分拆醫療事業與照明事業
2016 照明事業上市
2019/12 市值 435 億美元
時間
30年
燈泡業務起家
60年
多角化
33年
專業經理人時代

Notes

參考文獻及延伸閱讀：1. 飛利浦官網 /2.A. Heerding ,(1986), The History of N. V. Philips' Gloeilampenfabrieken/3.Marc J. de Vries, Marc J. Vries, (2006), 80 Years of Research at the Philips Natuurkundig Laboratorium/4. 鄭伯壎 (2019)，組織創新五十年：台灣飛利浦的跨世紀轉型 /5. 蔡鴻青、企業發展研究中心 (2014)，轉型陣痛的 Philips。董事會評論，第七期，4-11/6. 蔡鴻青 (2019)，企業轉型的兩種斷捨離。財訊雙週刊，592 期。

7&I控股（Seven & I Holdings Co.）
美日混血零售帝國的挑戰

7&I控股是全球知名的大型零售與流通事業控股公司，最眾所周知的品牌就是7-ELEVEN，其前身是一九二七年成立於美國德州的南方公司（Southland Ice Company），以製冰業起家，後來開始在店內銷售牛奶、雞蛋等商品，才開創出新的經營領域和成長，被譽為便利商店的濫觴。

然而，在二戰後，這家美國連鎖零售商，被日本企業收購並發揚光大，將7&I控股旗下各品牌帶到全世界十六個國家。光是在日本境內，7&I就約有一萬八千五百家門市，如今更跨足銀行和網路商店，擁有7-ELEVEN、SOGO、西武百貨、生活雜貨連鎖店Loft、嬰幼兒用品店阿卡將本舖（AKACHAN）、西餐廳Denny's等連鎖零售品牌與通路，以及SEVEN銀行。二〇一九年全集團營收四百八十九億美元，全球客戶高達八千七百萬人。二〇二〇年六月底，控股市值達二百八十九億美元，在全球展店逾六萬七千家，創造零售產業的奇蹟，並引領了零售通路的革命。

九十三年來，7-ELEVEN歷經日本授權商反向收購安度危機，突破展店瓶頸，才從美國連鎖通路商躋身世界級的流通零售業巨人，「日本7-ELEVEN之父」鈴木敏文也因此被譽為日本「新經營之神」。但如今，7＆I也難逃盛極必衰的命運，由於業務集中於日本市場，不僅正被新竄起的電子商務業者蠶食鯨吞市占，營運模式與收益也遭日本急速老化的人口結構所衝擊。如何再創新局，考驗著繼承者們的智慧。

關鍵轉折I

美國南方公司的崛起

一九二七年，德州人瓊斯（J.O.Jones）創辦了南方公司（Southland Company），一開始只是很單純的冰店，直到他雇用了一個德州大學工商管理系的學生約瑟夫・湯普森（Joseph C. Thompson），想到可以在店內多賣一些牛奶、雞蛋、冷藏西瓜等冰品，因而開創出新的營運模式。

一九二七年經濟大蕭條，德州四家冰廠合併成了南方製冰公司（Southland Ice Company），獲得湯馬士・伊索爾公司（Thomas Insull）的金援，但營運仍然艱困，瓊斯不得不將公司賣回英索爾公司，並由湯普森接任董事會主席；不過，不久後，英索爾公司也不敵景氣衝擊而破產。一九三二年底，美國聯邦法院裁定南方公司破產，並指定湯普森做為企業財產與營運監督。

景氣低迷與營運紊亂時，一位貴人出現，他是達拉斯的銀行家威廉・沃德奧弗頓（William Ward Overton）。他以每股七美分的價格買下所有公司的股票，資助南方公司穩定營運，而公司也漸由湯普森家族接管。

爆發性成長 過度多角化擴張

二戰爆發，戰時冰的需求大增，南方公司成為軍方的主要製冰供應商，負責供應位於德州的美國最大訓練營地胡德堡（Camp Hood）的日常使用。一九四六年，由於營業時間延長為上午七時至晚上十一時，商店名稱便從圖騰（Tote'm stores），定名為7-ELEVEN。

一九四七年底，南方再買下德州公用事業公司（Texas Utilities），增加了二十家製冰廠與七十四家冰塊和乳製品企業，成為德州最大的冰品製造商。後來商品種類愈來愈多，「7-ELEVEN」的便利商店雛型正式出現。

約瑟夫．湯普森有三個兒子，三兄弟畢業後都馬上進入南方公司。約瑟夫逝世後，長子約翰．湯普森（John Thompson）接任董事長，便利商店的市場也由一九六一年的六百多家，成長至一九六九年的三千八百家。

一九七〇到一九八〇年代，7-ELEVEN在墨西哥、遠東、澳洲、歐洲興起，並進行非相關性的業務多角化，將便利商店的業務擴張到航空、貨運、汽車配件、針織品、紙製品業務、廣告、雪鐵戈石油（Citgo）和食品，如此的過度擴張埋下了日後危機。

家族舉債禦敵無力 宣告破產轉手

一九八七年初，加拿大著名投機商塞繆爾・貝茨柏克（Samuel Belzberg）主動會見湯普森兄弟，表示欲以每股六十五美元的代價購買南方公司股權，並已著手收購了四・九%的普通股股票。湯普森兄弟不願接受塞繆爾的提議，為了保護公司，決定用重金回收所有股票。

湯普森兄弟先組建一家 JT Acquisitions 公司進行合併收購，並分別以七十七美元和九十・二七美元的價格購買普通股和特別股，預估收購三千一百五十萬股的普通股和全部二百五十萬股的優先股，大約是七〇%的南方公司股權。為此，他們背負了四十億美元的巨額債務。為支付負債，一九八八年時，三兄弟不得不出售旗下的財產，例如：汽車零件部、食品部、乳製品集團、一千家便利商店和房地產，還包括轉讓日本的特許經營使用權。

雪上加霜的是，一九八〇年代末許多大型加油站為了生存，開始附設便利商店，讓南方公司原有市場被瓜分。龐大債務與石油危機，加上競爭者激增，南方公司面臨二度破產的難關。

一九九〇年時，在債券持有者的授意下，南方公司公開其違約金額高達十八億美元，就此美國第一大便利商店宣布破產。隔年，7-ELEVEN 在日本的代理商伊藤洋華堂（ItoYokado），入主南方公司。

日本授權商 伺機入主美國母公司

在南方公司全球事業體中，以日本 7-ELEVEN 發展得最具規模，當時在日本的營業門市高達四千二百七十家，營業額達九千三百一十九億日圓（約為八十一億美元），成為世界上最大的單一便利商店體系，其授權商為伊藤洋華堂。在財務壓力下，南方公司向日本 7-ELEVEN 求助資金，伊藤洋華堂選擇利用資本投入與營運參與的方式，重建美國南方公司。一九九一年，日本 7-ELEVEN 子公司反過頭來併購 7-ELEVEN 全球總公司南方公司。

新的南方公司，由伊藤洋華堂和日本 7-ELEVEN 合資成立的ＩＹＧ控股公司持股七〇%，原股東和湯普森家族各占二五%和五%的股份，由日本 7-ELEVEN 指定美國南方公司由克拉克・馬修斯（Clark Matthews）擔任執行長，湯普森家族退出經營，但仍任董事。

接手營運管理權的日本 7-ELEVEN，通過一系列改革，重塑南方公司榮景，包括導入庫存管理系統（ＡＩＭ）、確立每日的公正價格制度、建立商店與總部間迅速溝通的系統、出售物流業務給專業公司等。

一系列的措施讓美國南方公司逐漸恢復，一九九三年上半年，總店突破七千五百家，銷售額達到三十四億美元，股票價格也開始回升。到了一九九七年，新開設的店鋪已經超越倒掉的店鋪。一九九九年，美國南方公司正式更名為 7-ELEVEN。

關鍵轉折II

逆向收購 成就超商龍頭

日本 7-ELEVEN 的母公司伊藤洋華堂（Ito Yokado）創立於一九二〇年，前身為羊華堂洋品店，由名譽會長伊藤雅俊的叔父——吉川敏雄創辦。一九五六年，伊藤雅俊從叔父手上接任洋華堂社長後，致力於發展零售業，一九五八年創辦伊藤洋華堂，一九七三年獲得 7-ELEVEN 日本經營權，一九九一年收購美國南方公司。

不過，真正被譽為「日本 7-ELEVEN 之父」的，卻是從一介員工晉升到會長的鈴木敏文，他不但一手型塑今日全球便利商店面貌，更是將 7-ELEVEN 發展成亞洲最大、全球第四大零售王國的重要推手。

日本便利店教父 誤打誤撞入行

一九六三年，三十一歲的鈴木敏文還是個編輯，原先想由平面媒體轉入電視製作，意外結識伊藤洋華堂老闆伊藤雅俊，誤打誤撞進入伊藤洋華堂。鈴木敏文雖然對超市和商品流通沒有深入瞭解，但反而讓他不受陳規束縛，更大膽推動改革。

鈴木歷練了行銷、人事、公關等職務，靠著毅力與努力，在保守的日本企業組織中，四十歲那年便升任董事一職。

鈴木敏文每年會帶領公司員工到美國研修，學習美國發達的物流業技術和經驗，也由於這樣的慣例，讓他遇見了美國 7-ELEVEN。

一九七二年，鈴木敏文前往美國爭取連鎖餐廳（Denny's）的代理權時，他看到了南方公司的 7-ELEVEN。當時，日本傳統商行正要對伊藤洋華堂等大型商場經營業者，進行激烈的抗議行動，甚至要求立法限制大型賣場經營，以維護小商店的生存，使得大型百貨業者相當頭痛。鈴木發現，美國 7-ELEVEN 已開了四千家店，讓他轉念，便利商店或許將是小商行與大業者共存共榮的解答，於是決心引進 7-ELEVEN，便積極接洽南方公司。

員工與公司共同創業 突破日本保守派

吃了多次閉門羹，伊藤洋華堂高層也不看好；但，鈴木最終說服了美方，於一九七三年取得 7-ELEVEN 特許經銷權，以銷售額〇．六％的費用獲得南方公司的經營許可，可使用 7-ELEVEN 的商號、商標和服務標章，在日本開設便利商店。

然而，伊藤洋華堂內部保守，沒人願意接下 7-ELEVEN 專案。伊藤雅俊要求鈴木敏文宣示決心，於是鈴木敏文與十五名重要下屬自掏腰包拿出五千萬日圓，喊出「就算失敗也不會影響母公司」的魄力，才獲得伊藤洋華堂首肯，願意拿出五千萬日圓，以一億日圓資本額登記成立日本7-ELEVEN，做為伊藤洋華堂旗下子公司。

鈴木敏文親自前往美國接受相關訓練。然而，鈴木卻發現南方公司在流通營運的管理模式並不成熟，日本若要移植同樣的方式，將導致大量庫存積壓。因此，他決定第一家店採加盟，而非直營，並給予店長採購權。

一開始，小店鋪都不願冒險加盟，直到一九七四年，一家小酒店的第二代老闆——二十三歲的山本憲司和妻子寫信給鈴木敏文，表示願意成為日本7-ELEVEN的第一位加盟主。但是，山本的店鋪周圍是造船碼頭和材料倉庫等，位置並不好。雖然有人願意加盟，但美方和伊藤洋華堂公司都不贊同。不過，鈴木沒有忘記最初想要達成小店鋪與大型超市共存的心願，親自協助山本經營第一家加盟店。

美日混血 三大創新成功方程式

經營之初並不順利，但他們很快發現主要是訂貨不準確才會造成囤貨。為此，他們記錄每日上架與賣出的商品，從而改善訂貨數量，逐漸改變了經營不順的問題。爾後，7-ELEVEN在山本一號店附近高密度開店，並借「鄰近優勢」推行小批量訂貨，做到以「單位」精確進貨。通過精確預測和管理，7-ELEVEN 就能確保當天進貨的麵包與牛奶全部售出。

據此，鈴木敏文逐漸發展出 7-ELEVEN 的三大經營策略——「物流與資訊流革新」、「單品管理」，以及「分區高密度開店」，他也因此被稱為「新經營之神」。

首先，在物流與資訊流革新層面，一九九四年建立專有的零售信息系統實施後，鈴木敏文發現，加盟店有訂貨的數據記錄，卻沒有相應的銷售記錄，因此無法有效的掌握具體情況，而在美國廣泛使用的ＰＯＳ（Point of Sale，銷售時點信息系統）則能巨細靡遺地將銷售數據與情況完整呈現。

剛開始，鈴木認為引入ＰＯＳ系統耗資甚多，但最終仍於一九八二年引進日本第一個ＰＯＳ系統。為防止數據錯誤，他直接與第一線員工進行溝通。

同時，7-ELEVEN 總部也將ＰＯＳ系統的紀錄做為決策參考，降低錯誤，有效控制庫存量，節省成本，並統計出暢銷與滯銷的排行榜，做好品類管理，以瞭解全國各地區的消費者反應。

其次，是單品管理，後來成為零售精緻化管理的雛型。日本 7-ELEVEN 開張後，為新增具日本特色的商品，聯合上下游相關生產廠商和麵包生產商，在一九七九年共同成立 Nihon Delica Foods Association（ＮＤＦ，日本鮮食協會）的組織。截至二〇一三年，7-ELEVEN 共擁有八十多家日本企業的大型聯合組織，共同研發菜單、採購食材與設備，開發專屬性單品。ＮＤＦ的加盟企業配合7-ELEVEN的開店地區，開設約二百家專用工廠——「只為7-ELEVEN製造產品」的特色和共同研發，讓7-ELEVEN擁有專屬的多樣產品。

除了成立NDF，鈴木敏文也創建了以假設和驗證為中心理念的「精細化單品管理」，主張門市將經營的焦點深入至每個單一品項，預測銷售數量，並決定訂貨數量。

再者，是分區高密度開店的策略。日本7-ELEVEN的店鋪配置策略，是「地毯式轟炸」的集中出店戰略：在某個生活區域開出一家門市店後，便向外擴張。7-ELEVEN不採分散式開店的原因在於：在某重點區域內密集開店的方式，可以迅速達到規模經濟。

高密度開店，也降低了總部的宣傳推廣費用，產生企業形象的正向相乘。且由於各店距離相近，有利於督導至各店巡視，提高加盟店的服務質量，並提升配送效益。配送中心多種類、小數量、多批量的運輸費用可分攤至各加盟店，運費相對降低。

日本7-ELEVEN始終堅持「各點突破」，在一個地區取得市場支配地位後，再進入下個地區，以達成降低經營成本、累積營利的目標。有別於美國7-ELEVEN，公司僅掌有經營權，代理商需自行選址、培訓，日本7-ELEVEN以加盟方式做為展店策略，拉攏各區的優良傳統雜貨店成為7-ELEVEN分店，進行密集型擴張。

另外，日本7-ELEVEN會向各加盟店傳達總部方針，並提供負責指導的經營顧問，供給各店鋪所需之經營資源。透過「區域集中型展店策略」提升物流效率的同時，日本市場快速成長與海外拓展也提高品牌知名度，打響 7-ELEVEN 的品牌形象與價值。短短兩年，日本 7-ELEVEN 的店鋪就成長到一百家。與美國耗費二十五年相比，鈴木的經營理念成功了。

自從一九七四年五月開設第一家便利商店以來，日本 7-ELEVEN 拓展的速度不斷加快。一九七六年五月，第一百家開業；一九八〇年十一月，第一千零一家開業；一九八四年時，第二千零一家開業；一九九三年開了第六千家；一九九七年達到七千家；二〇〇〇年達到八千六百家。而初始店的店長山本憲司，在其後的五十年間，於東京豐洲地區共經營了六家 7-ELEVEN，被流通管理業界稱為「開店之神」。在這個階段，日本 7-ELEVEN 也開始將日系連鎖便利商店的模式，拓展到其他各國。

一九七八年統一企業集資成立統一超商，隔年，正式將 7-ELEVEN 引進台灣，掀起台灣零售通路的革命。七年後轉虧為盈，至今仍穩居台灣零售業龍頭領導地位，也是 7-ELEVEN 中最成功的一個海外市場。其他市場則因地制宜，採取不同模式，如香港、澳門、新加坡是與香港牛奶國際公司合作，在韓國則與羅德集團、泰國與卜蜂集團、馬來西亞則是與成功集團合作。

關鍵轉折III
零售帝國的誕生

在鈴木敏文的領導之下，日本 7-ELEVEN 業務日漸茁壯，並有充分的現金流。在一九八七至一九九一年，美國南方公司面臨第二次破產時，日本 7-ELEVEN 選擇以資本投入，參與營運，重建母公司美國南方公司；隔年，鈴木敏文升任伊藤洋華堂社長。

日本伊藤洋華堂公司雖然掌握了 7-ELEVEN 七〇%的股權，但美國南方公司家族接班人傑爾・湯普森（Jere Thompson）在二〇〇〇年時仍成為公司總裁兼首席執行長。當時，伊藤洋華堂的名譽會長伊藤雅俊也繼續讓湯普森家族三位成員任職於董事會中，自己則掌握十五個董事席位。

集團重組 成立控股公司

然而，在鈴木敏文主導下，日本 7-ELEVEN 快速成長，資本額超過母公司伊藤洋華堂，鈴木敏文在二〇〇三年同時擔任伊藤洋華堂社長與日本 7-ELEVEN 社長後，便極思整併。

伊藤洋華堂原為上市公司，在架構重新調整前，旗下有子公司日本 7-ELEVEN、Denny's 和伊藤洋華堂認同卡服務公司，孫公司為美國 7-ELEVEN，但母公司和日本 7-ELEVEN 又共同持有伊藤洋華堂銀行。

集團進行重組，7 & I 控股以支付伊藤洋華堂每股十六日圓、7-ELEVEN 每股二十一・五日圓、Denny's 每股十五・五日圓，來轉換其全部股權，7-ELEVEN、伊藤洋華堂、Denny's 將其股權，以股權轉讓的方式上繳給新成立的上層控股公司7&I（Seven & I Holdings Co.），7-ELEVEN和伊藤洋華堂等成為其全資子公司，鈴木敏文自己擔任7&I控股集團CEO。

在7&I控股成立之前，伊藤洋華堂曾是全球7-ELEVEN的母公司。伊藤洋華堂主要業務為連鎖大型綜合超市，除了生鮮食品之外，也可買到各種衣飾、家電用品，在日本和中國大陸有一百六十一家店，員工三萬四千一百三十三人。

同年年底，7&I控股收購美國7-ELEVEN INC.的全部股權，美國7-ELEVEN從母公司變成全資子公司，並自美國證券市場下市，正式將這家美國公司完全子公司化。7&I控股隨後成為亞洲最大的多角化零售集團，也是世界第四大零售商。

控股公司為平台 整併全通路版圖

二〇〇五年起，7&I控股展開一連串的收購合併，其中，包含併購SOGO及西武百貨的母公司——千禧零售（Millennium Retailing）及約克紅丸（York-Benimaru Co.）連鎖超市。自此，7&I控股公司開始多角化經營，帶動二〇〇六年股價飆漲至歷史高點。

其中，收購日本兩大百貨體系之一的千禧零售，就斥資了二千三百八十億日圓（約二十二億美元）。此併購案使7&I因此超越英國特易購（TESCO），成為全球第四大零售商。

當時，為了與同為日本零售產業並發展金融業務的永旺集團（AEON Group）競爭，同時補足旗下零售業的空缺，鈴木敏文善用集團可掌握的資金，以收購母公司的方式獲得SOGO和西武集團，並加以重整。

併購SOGO和西武百貨的另一好處是，能夠承接集團世爵信用卡公司（Credit Saison Co., Ltd.），一舉獲取客戶消費資料與金流自主權。此次併購使7&I旗下的零售業務更加完整，也迅速使整體規模擴大。

約克紅丸超市與八百幸超市並稱日本兩大超市系統，強項為食品超市，一九九七年起便與伊藤洋華堂建立業務聯盟。二〇〇六年成為7&I公司的全資子公司，約克紅丸的企業文化強調與社會共生、對區域貢獻，並要能不斷創新，因而獲得許多日本消費者認同。7&I控股成立後，便著手收購約克紅丸，約克紅丸獲得7&I控股的資訊化技術，7&I控股則可共享約克紅丸在消費者心中的良好形象，也提升旗下品牌的多元性。

前進電商及郵購二次開拓虛擬通路

然而，就算實體通路布建再廣，無孔不入的虛擬通路成為7&I的軟肋。二〇〇〇年，鈴木敏文成立電子商務（EC）公司「7dream.com」，由日本7-ELEVEN出資五一%，其餘由系統大廠NEC、野村總研、SONY、三井物產、日本交通公社（JTB）及網路內容提供公司Ki-notrope認股出資，總資本額達五十億日圓（約十五億新台幣），準備要在每一家7-ELEVEN店裡設置多媒體終端設備（Kiosk），可與行動通訊結合搭建整體網路服務。同一年，鈴木敏文並與日本Yahoo!合作成立Seven&Y，準備跨足經營網路購物。

然而，當時網路環境並不足以支援這個線上購物結合線下流通的創舉，拖累了7&I，二〇一〇年時7&I股價下探至歷史新低；後來更名為711net，大幅限縮營業範圍，最後黯然下架。

二〇一二年，日本網路購物整體成長率高達一五%，但零售市場每年僅以個位數成長，消費者透過手機購物比率則為三八%。更有調查發現，使用多管道購物的消費者已高達五〇%。日本消費者的購物習慣改變，迫使7&I的掌門人鈴木敏文，重新再次針對虛擬零售通路做策略規畫。

二〇一三年十二月上旬，7&I控股陸續發表出資和併購等訊息，分別是買下經營型錄郵購和網路購物的代表企業Nissen控股、發源自紐約的高級服飾百貨巴尼斯（BARNEYS）、在日本分公司及日本中國地區擁有許多店鋪的地方超市天滿屋（Tenmaya STORE），以及經營居家生活時尚品牌Francfranc的母公司BALS株式會社。這幾個出資併購案被視為7&I全力發展全方位通路的一大步。

其中，買下Nissen就是為了要拓展電商。儘管一般人對Nissen的印象還停留在型錄郵購的階段，但其實該企業的營收中，網路事業的占比高達六成，已超出型錄。對於Nissen而言，成為7

＆Ｉ旗下的企業將使公司擴充商品品項，並透過７＆Ｉ的資金挹注，強化各項ＩＴ技術和設備。

二〇一三年十二月，７＆Ｉ宣布以一股四百一十日圓的價格收購 Nissen 過半數的股權，將其納為子公司，收購金額達一百二十六億日圓（約一億二千萬美元）。日本 Nissen 公司以流行服飾網購為主打，以平價親民的價格、快速到貨的直送服務，在日本與亞洲區擁有眾多消費客群。

對７＆Ｉ來說，取得Nissen的好處很多，包括獲得 Nissen 公司三千二百萬名年齡在三十到五十歲的消費者資料、服飾類為主的獨家商品開發力、手機購物等電商技術。

發動四大併購 搶占日本零售龍頭

收購 Nissen 後，７＆Ｉ繼續強化虛擬和實體通路（Online To Offline，O2O），期待整合線上與線下市場。７＆Ｉ隨後取得美國高級服飾百貨巴尼斯紐約（BARNEYS NEW YORK）的日本子公司巴尼斯日本（BARNEYS JAPAN）近五〇％的股權，雖未公開收購金額，但７＆Ｉ因為此次獲取的股權，成為第二大股東，僅次於持股率五〇％的住友商事。

７＆Ｉ更提供 7-ELEVEN 門市取貨的服務，讓顧客在網路購買商品後，也能利用密集開店的 7-ELEVEN 取貨。加上，BARNEYS 本身提供的優質商品和高質感品牌形象，７＆Ｉ更可連結旗下的ＳＯＧＯ及西武百貨，和 BARNEYS JAPAN 共同採購及開發喀什米爾羊毛等高質感商品，擴大商品觸及率與品牌價值。

二〇一三年，鈴木敏文宣布以伊藤洋華堂投資精品百貨天滿屋二〇%股權。日本7&I看中天滿屋在日本與中國大陸的知名度，快速打入地方市場。二〇一六年更積極擴張小型店面，利用天滿屋原有店面，設立「店中店」，結合7-ELEVEN和天滿屋，提升商品多樣性。

二〇一三年的另一投資，則是7&I控股買下日本時尚品牌BALS股份有限公司約三〇%股票，並透過出資的方式共同開發時尚服飾及高級生活用品等銷售業務。這個投資讓雙方互利，BALS獲得7&I全球的資源與合作人脈，由7&I擔任中介，連結歐美投資人；7&I則得到BALS在時尚品牌開發的技術與通路。

7&I在這四個併購案及出資合作中，所投入的金額預估為二百五十至三百五十億日圓。鈴木敏文認為，併購不僅可以補足7-ELEVEN既有事業體的不足，更可為7&I發展全方位零售通路。除了Nissen與BARNEYS JAPAN，7&I投資天滿屋百貨，彌補了它在中國地區實體店鋪不足的劣勢。出資BALS公司旗下的Francfranc，則以開發高設計感的家具和生活用品著稱，提升7&I控股旗下的商品多樣性和通路。

7&I雖然擁有日本7-ELEVEN遍布日本全國的一萬八千五百家店綿密網絡，但只憑這點並無法全方位滿足消費者需求。因此，鈴木敏文認為，需要透過強化和網購企業、高級服飾店、地區性食品超市及擁有許多女性顧客、具設計感的家飾品牌的合作，來彌補自身的不足。

為建置完整的「全方位通路」版圖，7＆I宣布要做到整合旗下各大購物網站的帳號，並逐步實現集團內不同購物網站的合併結帳功能。不只提升通路服務，也抓住消費者的心。

中國大陸市場苦戰未果 拖累集團

7-ELEVEN在鈴木敏文帶領下，成為亞洲最大的便利商店品牌，但擴店中國大陸的過程相當艱辛。

7-ELEVEN在中國大陸不同地區授權給不同的企業，分屬於三個不同的授權投資方。以廣東為主的華南區屬中國香港牛奶集團，而上海為主的華東區屬統一集團，華北區則由日本總公司投資。在中國大陸的第一家7-ELEVEN，是由香港牛奶與廣東信捷商務發展公司合資成立的廣東賽壹便利店，於一九九二年在深圳所開設，京津地區直到二〇〇四年才開始展店，合資方為王府井百貨及中國糖業酒類集團。

由於中國大陸的7-ELEVEN採授權經營，加上門市幾乎都在南方，使得北方市場成長比當地零售產業慢。雖然7-ELEVEN在全球流通零售業地位數一數二，但因為店面租金、人工成本的上升，尤其是在中國大陸聘請高級人才的成本居高不下，因此在中國大陸市場的市占率並不高。

日本7-ELEVEN進入中國大陸市場十一年後，仍無法大幅提升獲利；加上，在日本全國開設的一百七十三家伊藤洋華堂店鋪，部分為位於郊區的中小型店鋪，難以與大型商場競爭，營業額連年虧損；因此，在二〇一二年，7＆I控股被迫宣布將在三年內關閉旗下在中國大陸的十五家伊藤洋華堂連鎖店面。

到了二〇一四年，中國大陸的便利商店產業集體面臨虧損，並掀起關店潮。而日本的7-ELEVEN也自二〇一四年二月起，表示要依次關閉連續三年以上營業虧損的店鋪，選擇提升開設龜有（Ario）購物中心及其他獲利較佳的小型食品店的擴店速度。

中國大陸市場的龐大商機，是各便利商店產業渴望分食的大餅，但進入門檻實在太高，連本地業者都不見得能負荷。7-ELEVEN中國大陸投資者之一的中國王府井百貨，持有7-ELEVEN二五％的股份，二〇一五年總資產約達二十一億美元。王府井百貨曾表示，雖然7-ELEVEN、全家、物美（WUMART）等連鎖超商在北京擴張迅速，但盈利與否是一大問題。原因在於京津地區為中國大陸政經重鎮，交通樞紐周遭的地段租金相當昂貴，且消費習慣也尚未建立，使得便利商店在華北地區發展遭受阻礙。

人口老化及線上新模式 面臨嚴峻挑戰

日本7＆I控股的成立，是零售業的一大傳奇。日本7-ELEVEN不只改變了零售業的銷售模式，它更成立整合上中下游廠商的鮮食協會，擴大自身通路，甚至併購了海外母公司。不過，相較於大型併購，7＆I強勁的對手日本全家便利商店母公司 FamilyMart UNY 控股，採取的卻是更機動性的聯盟式策略合作，讓7＆I備感威脅。

此外，7＆I也遇到企業接班與股東溝通的挑戰。二〇一六年，日本7＆I控股董事長兼執行長鈴木敏文請辭，除了為7-ELEVEN的經營瓶頸負責之外，也與社長接班問題有關。事件起因於7-ELEVEN大股東——美國對沖基金第三點（Third Point）反對鈴木撤換7-ELEVEN社長候選人的決議。值得注意的是，其他大股東包含洋華堂母公司在這件事情上，反而是支持外資股東的維權觀點，而不是支持戰功彪炳的7-ELEVEN之父。

不敵內外壓力，鈴木敏文黯然宣布退出7＆I控股公司與7-ELEVEN集團的管理層，當時他已高齡八十三歲，在該集團內工作了五十三年。

面對被視為「日本新經營之神」的鈴木掛冠求去，後續的接班問題、人口老化與新興電商的崛起，將成為7-ELEVEN未來發展的重要考驗。

因為人口老化，繼任鈴木敏文的7＆I控股社長井阪隆一為解決實體店面人力不足的問題，從二〇一九年二月起，允許部分店家彈性決定營業時間，二十四小時營業模式可能被打破，7＆I控股的股票為此跌落了三成，井阪隆一在股東會上被迫低頭道歉，高層人事也進行大搬風。

啟示：從實體通路到虛擬世界　數位轉型考驗

7-ELEVEN 原本為美國南方公司，但因拓展過度，反而被日本代理商在日本發揚光大，並反向收購，在與其他百貨零售通路合併後，重組成為現今的7＆I集團，躍升全球領先的零售集團之一。

然而，7＆I面臨的挑戰與日俱增，日本市場面臨人口老化、網路購物取代及海外市場拓展不順，又因單一事件引發品牌形象危機，讓7＆I股價在二〇一九年跌落三〇％。過去賴以為支柱的實體通路，如今反而成為轉進虛擬通路的負擔，7＆I控股如何度過此次危機並順利轉型，仍需緊密觀察。

美日混血的連鎖超商龍頭：7&I 控股 (Seven & I Holdings Co.)

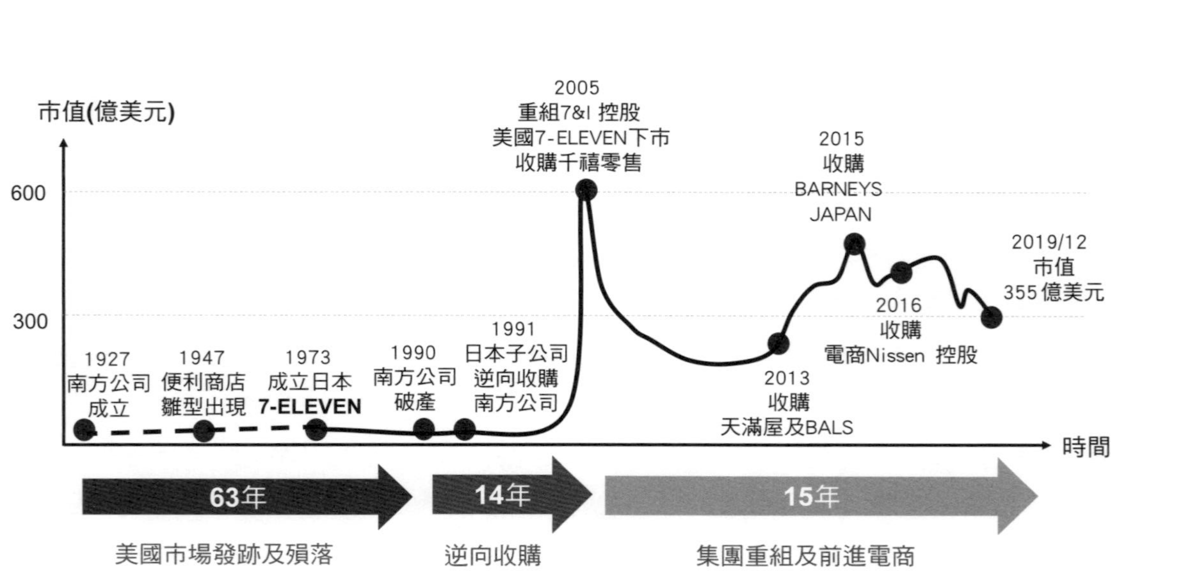

Notes

參考文獻及延伸閱讀：1.7&I 控股官網 /2.Akira Ishikawa, (2002), Success Of 7-Eleven Japan, The: Discovering The Secrets Of The World's Best-Run Convenience Chain Stores/3. 鈴木 敏文，(2016)，わがセブン秘 (鈴木敏文的七個秘密)/4. 吉岡 秀子，(2016)，セブン - イレブンは日本をどう えたのか (7-11 如何改變日本)/5. 蔡鴻青、企業發展研究中心 (2016)，全球零售業龍頭：日本 7&I Holdings 的全方位通路。董事會評論，第十二期，4-13/6. 蔡鴻青 (2019)，高齡化下的零售轉型挑戰。財訊雙週刊，588 期。

寶僑（P&G）
美國消費品巨龍的組織與行銷戰力

一八三七年成立的寶僑公司（The Procter & Gamble Company，簡稱 P&G），由一位蠟燭商人與一位肥皂商人共同建立，總部位於美國俄亥俄州辛辛那提市，現在是全球最大的家用消費品公司。

寶僑公司在全球八十多個國家設有工廠、分公司，經營的品牌產品行銷一百八十多個國家和地區，旗下的洗滌用品汰漬（Tide）、紙尿布幫寶適（Pampers），都是當時引領市場破壞式創新的明星商品，也曾跨足食品與製藥；如今全球員工數共九萬二千人，二〇一九年營收六百七十六億美元，二〇二〇年六月底市值達二千九百六十億美元。

寶僑是擁有超過一百八十年歷史的老牌企業，上市後創辦家族退出經營。然而，在堂皇數字的背後，寶僑正極待從衰退困境中破繭而出。九〇年代後期，遭遇強敵日本品牌與難纏的中國大陸市場，還有最大對手聯合利華與其他新興平價家用品廠商的競爭，都讓寶僑幾度進退維谷。不過，這個全球消費必需品龍頭正進行組成精簡及事業精簡，包括專注核心業務、引進強而有力的外部股東支持，近年的緩慢成長導致維權基金挑戰董事會爭奪，最終公司與股東達成一致協議，何時能重返榮耀，值得期待。

關鍵轉折I

連襟攜手共同創業

寶僑公司由蠟燭零售商威廉．普羅特（William A. Procter）和肥皂商詹姆斯．甘布爾（James Gamble）共同建立，二人分別來自英格蘭和愛爾蘭，原本毫無交集，卻因一對姊妹而成為姻親，使人生產生重大改變。

普羅特最初在倫敦的事業，因慘遭祝融及盜竊而被摧毀，於是決定離開英格蘭前往美國發展，他先在紐約經營蠟燭事業，之後才帶著第一任妻子瑪莎（Martha）前往西部定居。但妻子在路途中意外染上霍亂，只好在辛辛那提州停留進行治療，可最後仍不敵病魔，不幸離世。妻子辭世後，普羅特索性留在該地發展，也因此認識第二任妻子奧莉薇．諾里斯（Olivia Norris）。

而出生於北愛爾蘭的甘布爾，一八一九年與家人移居美國，原先一家人屬意到伊利諾伊州落腳，但甘布爾不幸在途中生病，在辛辛那提市停留，最後全家定居在此，父親開設了一間托兒所，甘布爾則向肥皂製造商學習肥皂工藝，於一八二八年發展肥皂事業，之後與伊莉莎白．諾里斯（Elizabeth Anna Norris）相識、共結連理。

一八三七年，美國遭逢金融危機，約有上千家銀行倒閉，全國籠罩在萎靡不振的消極情緒之中，同為蠟燭商人的亞歷山大・諾里斯（Alexander Norris）建議兩位女婿將事業合併，成為合作夥伴，因為肥皂和蠟燭在製造過程中所需的原料雷同，若共同使用，可減少成本開銷，撐過經濟不景氣的寒冬。

在岳父的提議下，普羅特和甘布爾開始一同生產肥皂和蠟燭，各出資三千五百九十六美元為創業資金，簽訂合夥契約，確立合作關係，於一八三七年十月三十一日在辛辛那提市創立寶僑公司。依兩位創辦人各自的專業，以生產肥皂和蠟燭起步，由普羅特管理銷售並擔任會計，甘布爾負責製造生產。

一八六一年至一八六五年間，美國爆發南北戰爭，寶僑獲得大批美利堅合眾國政府的訂單，為北軍提供戰時所需的香皂和蠟燭，賺取大筆收益，也因此讓大家認識寶僑產品的品質。當時，美國知名信用評等公司，把寶僑評等為實力穩健且前景看好的企業。寶僑在南北戰爭幾年後，果真成為營業額高達百萬美元的企業；但好景不常，一八五九年，賓州西部挖出石油，從此煤油的供應不虞匱乏，每家每戶紛紛燃起油燈，蠟燭漸漸被取代，寶僑轉而將重心放在肥皂的研製與生產上。

象牙皂誕生 創新行銷策略

一八三〇年至一八四〇年，寶僑所生產的棕櫚香皂和松脂香皂皆以傳統手工製造為主，用鍋罐製成，對化學製程的瞭解相當粗淺；直到一八五〇年，才在詹姆斯．甘布爾的兒子諾里斯．甘布爾（James Norris Gamble）領導下，對肥皂的生產技術進行有系統且科學化的鑽研。

一八七八年，寶僑從第一代交棒給第二代管理，由諾里斯．甘布爾負責管理工廠，普羅特家的大兒子亞歷山大．普羅特（William Alexander Procter）負責管理肥皂原料豬油事業，其弟哈利．普羅特（Harley Procter）則負責公司的銷售與行銷。

同年，諾里斯和化劑師共同開發出一種質量與進口橄欖香皂相同，但價格適中、顏色潔白的香皂。他們混合棕櫚油及椰子油，比最初的生產原料橄欖油便宜許多，製作成本降低，得以大幅壓低價格，且新研製的象牙香皂易起泡，又不易變軟，相當實用，在價格和性能上大占優勢。

一八七九年，哈利在《聖經》詩篇上找到靈感，將該香皂取名為「Ivory」（象牙）；七月十六日，寶僑將「象牙皂」註冊為商標。

象牙香皂上市初期，哈利帶著象牙香皂拜訪批發商、零售店，想辦法讓店家知道這項產品，因為店家能直接接觸到消費者，所以象牙香皂早期的廣告刊登以雜貨店為主；哈利也積極向知名科學家收集數據，以強化廣告效果。

當時，寶僑所處的是一個高度變化的市場，未有明確的區隔，目標消費群從中產階級至貧苦家庭，更從都市到鄉下，範圍甚廣，但寶僑仍致力於與消費者直接進行對話。

一八八五年，寶僑寄發大量郵件，並隨函附上香皂樣品及廣告冊，將絕大多數的精力投入下游，想辦法觸及以往接觸不到的環節，就能免除中間商和雜貨商的介入，與最下游的消費者直接對接，發展出消費者為主的拉式（Pull）策略，以強化一般傳統的推式（Push）策略。

安度祝融危機 重生轉型

廣告順利產生功效，大眾對象牙香皂的需求大幅提高，寶僑為因應需求必須轉型，積極擴建廠房增加產量，但不到幾年便達到極限。品牌和廣告雖讓產品獲得一定的差異化，可是生產效率卻無法改變，寶僑必須想辦法達到新的營運效率，規模經濟勢必得向上提升。

一八八四年，生產原料的豬油工廠慘遭祝融，但也因此讓寶僑得以重新設計工廠及生產技術，即「再造工程」（Reengineering）。新製造工業區「象牙谷」（Ivorydale）應運而生，將製程系統化地擴大、重建，並在工廠內部設立分析實驗室，負責研究和改良肥皂製造工藝，讓整個製程變得更有效率，也使寶僑從原先的批量製造，轉變為專門生產固定產品的工廠。

寶僑的產能躍升為工業規模，也意味著全體員工形成一個工業社群，一八八七年，美國爆發勞工風暴，二代亞歷山大・普羅特的兒子庫柏・普羅特（William Cooper Procter）說服公司合夥人給予員工公司股份，擬定出利潤共享計畫，依照勞工費用和公司生產總成本的比例，分配獲利給員工及公司，此為美國最早的利潤分享制度，讓員工和管理階層間得以營造出「對公司完全忠誠及互敬互信」的感覺，使員工在公司有強烈的歸屬感。

庫柏於一八八三年進入寶僑工作，儘管他擁有特殊背景，並受過高等教育，但仍從基層員工做起，公司各個部門的工作都嘗試過，他從工廠開始，再從事銷售、運輸，最後才接觸行政事務，因而能站在員工的角度思考，盡力為他們爭取應得的福利。

待公司上市後，寶僑於一八九二年正式實施員工認購公司股份制度，並有更全方位的員工福利制度，例如一九一五年實施全國性的病殘退休保險制度；一九一八年率先引進每天工作八小時的觀念；一九三三年推行每周工作五天的制度；一九九八年，推出員工認股選擇權，讓所有員工都可以成為寶僑的股東。

關鍵轉折II

籌資助成長 上市去家族化

實施利潤共享計畫後，寶僑公司的兩大創辦家族都同意由庫柏擔任第三代繼承人。一八八七年十月，公司授予庫柏五%的合夥權益。一八九〇年七月十七日，第一次寶僑股東會議上，庫柏被任命為總經理。

在庫柏正式接班前年，他就領導位於辛辛那提市的象牙谷工廠，他預期公司需要額外的工廠、新設備和新產品的開發，於是向其他合夥人主張將寶僑上市，並發行價值四百五十萬美元的公司股票。

一八九〇年，寶僑的業務規模達數百萬美元，為了進一步擴張，公司正式決議將企業改為股份有限公司，以籌措資本。合夥人在交易中可取得三百萬美元，其中，二百五十萬美元轉換為股權。一八九一年六月十一日，寶僑股票首次在紐約證券交易所上市，股價為一百美元。

公司上市後，合夥人達成協議，同意至少五年內不變賣其手中價值一百萬美元的股票，他們願意放棄股利，直到公司有能力在普通股上發放一二%股利為止。寶僑第二代則繼續在公司內部擔任管理高層，亞歷山大擔任公司總裁，諾里斯擔任副總裁，並負責控制公司董事會成員，公司執行長之位則交由庫柏。

庫柏於一九〇七年坐上執行長之位，在任期間長達二十三年，在他執掌下，公司銷售額從二千萬美元，增加到二億美元以上，更在加拿大和英國五個州建立了工廠，經營自己的棉籽油廠，並發表新產品系列，如 Crisco 起酥油、Camay 香皂、Oxydol 香皂。

一九三〇年，庫柏退休，他膝下無子女，甘布爾家族只有兩個女兒，於是庫柏選定專業經理人多伊普利（Richard Redwood Deupree）擔任第四任執行長，也是首位非家族成員的領導人；之後，寶僑的創始家族未再擔任過公司領導人，完全去家族化。

多伊普利於一九〇五年加入寶僑財務部門，他出色的表現，引起肥皂銷售部的湯瑪斯・貝克（Thomas H. Beck）的注意，當時銷售部門需要一名銷售員時，立即想到了多伊普利。一九一二年，多伊普利被提拔為西部銷售部經理，一九一七年晉升為銷售總經理，一九二四年成為董事會成員，一九二七年榮升寶僑總經理，一九三〇年接下執行長一職。

多伊普利在任期間，帶領寶僑走過二戰，公司營運穩健，並擁有極強的應變能力，於一九四五年成功將新產品汰漬（Tide）洗衣粉推向市場，獲得廣大的成功，並具體施行庫柏提出的員工就業保障概念。

品牌管理與多角化發展

一九一五年，寶僑在加拿大設立第一間海外公司，生產象牙香皂和 Crisco 植物烘焙油，之後又在其他國家建廠，將產品的生產和銷售外移。一九二六年，推出佳美（Camay）香皂，公司擁有兩個互相競爭的品牌。一九三〇年，收購位於英國的湯瑪斯・韓德利公司（Thomas Hedley Co.），該公司也以生產 Fairy 香皂為主。

一九三一年，公司創立專門的市場行銷機構，由一組專門人員負責某一品牌的管理，每一品牌都具有獨立的市場營銷策略，寶僑的品牌管理系統正式誕生。一九三五年，寶僑再次收購一間菲律賓製造公司，在遠東地區正式插旗，成功向國際化公司發展。

品牌管理（Brand Management）始於一九三一年五月十三日，由當時的廣告經理尼爾・麥克洛伊（Neil McElroy）提出，他在為 Camay 香皂進行廣告宣傳時，發現 Camay 除了和其他品牌競爭外，竟還要與自家產品 Ivory 競爭。因此他認為每個產品都應分配單獨的行銷團隊，只思考該品牌的策略規畫，透過這個方式，將品牌區分開來，畫分出各自的消費市場，瞄準特定客群，做出產品差異化，避免打到自家品牌市場。

一九四八年，尼爾・麥克洛伊坐上第五任執行長之位，他相當重視公司的成長，為寶僑的新事業奠下根基，成功將寶僑推向整個歐洲市場。

一九四八至二〇〇〇年間，寶僑經歷多任專業經理人的帶領，包含尼爾・麥克洛伊（Neil McIlroy，一九四八～一九五七）、霍華德・摩根斯（Howard Morgens，一九五七～一九七四）、愛德華・哈里斯（Ed Harness，一九七四～一九八一）、約翰・G・斯梅爾（John G. Smale，一九八一～一九九〇）、艾德・阿茲特（Ed Artzt，一九九〇～一九九五）、小約翰・E・佩珀（John E. Pepper，一九九五～一九九九）、杜克・賈格爾（Durk Jager，一九九九～二〇〇〇），積極帶領寶僑朝多角化發展並增加產品的多樣性。

革命性產品上市 奠定成長基礎

一九四六年，寶僑推出汰漬洗衣粉，這是繼象牙香皂後最重要的新產品，汰漬為世上第一種合成洗衣粉，終結人類史上長達兩千餘年的皂洗時代，一推出便有「洗衣界奇蹟」的盛名。

汰漬上市時，不用以往匿名、出貨和行銷測試的方式營銷，以避免被競爭對手模仿。汰漬使用新的配方，洗滌效果比市場上任何洗衣產品好，大獲成功，於一九五〇年成為美國第一的洗衣粉品牌，成功為公司累積了進軍新產品系列以及新市場所需的資金。同年，寶僑也推出 Prell 洗髮精，開始發展個人健康護理用品。

一九五七年，麥克洛伊離開寶僑轉任美國國防部部長，由摩根斯接手第六任執行長，繼續帶領寶僑開拓其他新產品領域，包含第一支含氟牙膏佳潔士（Crest）；紙漿製造技術的提升，也促進了紙巾等紙製品的發展，包括拋棄式嬰兒紙尿片幫寶適（Pampers）」的發明。寶僑除不斷加強原業務範疇外，更開始進軍食品和飲料市場，於一九六三年收購 Folgers 咖啡，積極進行全球擴張，並在產品開發方面投入大量資金，公司營收從十一億美元增加到四十九億美元，獲利從六千七百萬美元增加到三・一六億美元。

寶僑另一革命性產品幫寶適於一九六一年上市。在此之前，拋棄式紙尿布並不流行，雖然嬌生公司曾開發一種名為 Chux 的拋棄式尿布，但一般家庭還是讓孩子穿著布製尿布，因為市場上甫推出的拋棄式紙尿布，除了會滲漏、可能會破掉等問題，還相當不合身。幫寶適的推出，提供大眾一個更方便的選擇，但也因此增加了處理垃圾所需的環境成本。

一九七三年，寶潔收購了日本Nippon Sunhome公司，在日本製造並銷售公司產品；還收購其他公司，包括諾威治伊登製藥（Pepto-Bismol的生產者）、維克斯（Richardson-Vicks），擴展成藥和個人保健用品市場；又收購諾賽爾（Noxell），及Shulton公司的歐仕派（Old Spice）、蜜絲佛陀（Max Factor）與愛慕思（Iams），進軍護膚化妝品、香水、寵物保健、營養產品，產品線多元化，利潤顯著增加。

隔年，摩根斯卸任，由哈里斯執掌第七任執行長，在他的領導下，寶僑銷售額及營業額持續增長，成為全球最大的消費品製造商。

策略轉彎 安度兩次日本危機

一九七二年，寶僑進軍日本市場，至二〇〇四年時，市占率位居第一，僅次於日本花王及獅王兩大公司，但在輝煌成績背後，寶僑其實曾二度面臨嚴重的經營虧損及市占率低迷不振。

一九七七年，幫寶適紙尿褲市占率高達九〇%，但一九七九年遭逢石油危機，各項化工原料價格上漲，經營成本上升，致使獲利減少；再加上日本競爭品牌眾多，在互相搶奪市場占有率的情況下，幫寶適的市占率在一九八四年跌至九%新低，虧損高達三億美元，迫使寶僑在日本進行首次經營改革。

一九八五年，日本寶僑制訂三年計畫，由美國總公司派出「特別小組」支援，寶僑也試著重新瞭解日本消費者的習慣，改變原先直接移植產品及品牌的錯誤政策；直到一九八八年新產品上市、生產效率提高，才終於轉虧為盈；一九九〇年營收突破十億美元。

然而，一九九〇年代初，日本經濟泡沫化，市場嚴重衰退及停滯，產品價格大幅滑落，日本寶僑只好再次進行改革，關掉兩間大型工廠，裁撤四分之一的員工，並開始採用新的品牌策略。

寶僑公司深刻體會到過去橫掃全球市場的方式，在日本是行不通的，必須盡快改弦易轍，轉變經營政策與行銷策略，轉以「在地經營」與「本土行銷」為核心主軸思考，改變過去所沿用全球行銷標準化的傳統模式，在品牌命名、原料成分、外觀設計、包裝方式、定價、廣告片拍攝、名人代言等行銷手法，都改以當地市場需求為主要考量，深入瞭解日本消費者真正想要的東西是什麼，贏得他們的心。

一九九九年後，日本寶僑公司經過大幅改造革新，各項產品在日本市場的排名不斷竄升，緊逼花王及獅王等在地廠商，意圖成為日本清潔日用品市場的第一領導品牌。

力求增長 揮軍中國大陸市場

自一九八一年，哈里斯退去執行長之位，改由斯梅爾即位後，他替寶僑創立了新願景：成為一家真正的全球性公司，致力於為全球消費者提供更廣泛的創新產品。在他的領導下，寶僑打入藥品市場，將業務擴展到二十三個新國家，銷售和收益分別超過二百四十億美元、十六億美元。其任職期間，更重塑了業務各個方面的方法，創建了類似產品的類別管理，重組整個供應鏈以提高效率和質量，並創建了第一批基於零售商的銷售團隊。

而接替其位的阿特茲，也以重組為經營特色，關閉近五分之一的工廠，並裁減約一萬三千名工人，占員工總數的一二%，雖然他大幅縮減編制，但也成功將寶僑的銷售額從二百一十億美元增長到三百三十億美元，盈利增長超過一倍，從十二億美元增長到二十六億美元，年增長率為一四%，遠高於公司的歷史平均水平。

一九八八年，中國大陸改革開放十周年，寶僑順勢打入中國大陸大門。進入中國大陸之初，正是中國大陸經濟快速發展、渴望引進外資的時期，寶僑做為百年跨國公司，擁有成熟的管理體系，先進的研發技術與生產設備，領先行業的品牌管理系統、消費者研究經驗及營銷模式，構成了行業的壟斷優勢，在中國大陸給予外資的優惠政策幫助下，順利在廣州開辦寶僑中國分公司。

一開始以「低價格，大批量」，成功打下大陸市場，二〇〇九年，寶僑在大陸市場占有率約為四七％，洗護髮產品甚至一度達到五〇・五％；二〇一二年的收入衝破八百億美元。但，隨著大陸民眾的物質水準提高，加上網路世代崛起，寶僑過去擅長的通路布局已不符合時代需求，大量的實體通路已不再是優勢，反而成為成本包袱，電視推廣的效果也大不如前。

且過去競爭者少，如今卻是全球各品牌都在覬覦這個市場，前有日系的資生堂、獅王，及國產的雲南白藥等品牌，後追兵又有大量且價格親民、趕流行的小眾品牌前後夾擊。而且，自二〇一〇年，中產階級開始追求生活品質與個性化的時代潮流，寶僑過於龐大的市場占有率，商品無處不見，使它從之前的新鮮時尚，變成了平庸、普通的代名詞，習慣了低成本、規模化滿足大部分人需求的寶僑，在面對無數顧客的個性化需求時，反而顯得力不從心。

關鍵轉折III

專業經理人的品牌回歸戰略

一九九九年初至二〇〇〇年六月，杜克・賈格爾（Durk Jager）擔任寶僑第十一任、也是時間最短的執行長，他任職期間施以一系列激進計畫，諸如強化產品研發、加快研發速度、打破官僚體制、促進專利申請等，無奈最後都以失敗告終。這些計畫看起來雖然宏偉遠大，但過於激進，在削減成本的風暴中，寶僑連兩年財報的每股收益率只有三・五％，股價下跌五二％，公司市值縮水八十五億美元。

二〇〇〇年，賴夫利獲選為寶僑第十二任執行長，剛上任兩年多，便成功使這家年邁企業再次煥發青春，實現兩位數的利潤增長，公司股價也上漲四〇%，成為當時道瓊指數中表現最好的公司。

放棄開發新品牌、重點維護老品牌，是賴夫利上任後的第一要務，他曾解釋自己的品牌策略：「我們的戰略很簡單，就是不斷促進核心優勢資源的增長，並從中獲得利潤。」賴夫利上任後，就在各分部推廣他的品牌戰略，要求所有部門經理集中精力銷售汰漬、佳潔士等成功品牌的產品，勒令暫緩或停止研發新品牌的工作。賴夫利的「品牌回歸戰略」快速得到市場認可，上任不到三年，寶僑股價就上漲了五八%。

二〇〇二年，寶僑一百六十五周年，賴夫利當選董事長，當時公司旗下擁有十二個年收破十億美元的品牌。二〇〇五年，賴夫利主導了吉列（Gillette）的收購案。二〇〇九年七月，賴夫利從執行長職位退下，交由鮑伯．麥唐納（Bob McDonald）接手，自己繼續擔任集團董事長。在賴夫利時代，寶僑銷售額增長了一倍，年銷售額超過十億美元的品牌更增加到二十三個。

收購刮鬍刀 股神扮幕後推手

成立於一九〇一年的吉列公司，總部位於美國馬賽諸塞州的波士頓，銷售一系列日用消費產品，包括吉列刮鬍刀、刀片及其他刮鬍用品、金頂電池、歐樂B牙刷、百靈刮鬍產品及小家電。

吉列在全球十四個國家的三十一個地區設有生產工廠，員工總數超過三萬人，二〇〇四年的全球銷售總額為一百零三億美元。吉列對消費者的需求觀察入微而譽滿全球，贏得「刮鬍大王」的美名，擁有堅強持久的品牌忠實度；如今，該品牌不僅在男士護理方面領先，在某些女性護理產品，如脫毛產品，也處於世界領先地位。

二〇〇五年，寶僑以約五百四十億美元的價格收購吉列，包括吉列旗下各種品牌產品和加工、技術及設施在內的所有業務。協議完成後，吉列董事長、首席執行官兼總裁詹姆斯·基爾特（James Kilts）將加入寶僑董事會，任公司副董事長職位，負責吉列業務。

具體的操作方式以換股進行，〇·九七五股寶僑普通股換購一股吉列普通股，根據當時的股市行情，紐約收盤價為五十五·三美元，相當於將吉列的股份定為每股五十三·九美元，而收購日當天吉列股票的收盤價為每股四十五·八美元，上升幅度達一八％，使得吉列的股東喜笑顏開；且為了降低交易的稀釋效應，寶僑當時也回購了大約一百八十億至二百二十億美元的股票，所以，這筆收購案對寶僑來說，相當於用六〇％的換股和四〇％的現金完成。

吉列在八〇年代後期曾抵禦過四次惡意收購，並在二〇〇二年首次與寶僑接觸，試圖尋求兼併，但礙於價格未談妥而不了了之。直到二〇〇四年，雙方皆因公司發展所需，而再回到談判桌上，商談併購事宜。

兩間企業在各自領域有著巨頭地位，若合併將形成業務互補，擦出「一＋一大於二」的火花；而寶僑也能藉由收購吉列，使其成為行業龍頭，超越競爭者，並有效開拓男女消費市場，在大型零售商中，如沃爾瑪，擁有更多話語權。

二十世紀八〇年代初期，美國出現大量以融資收購（Leveraged Buyout，LBO）的併購行為，被視為惡意併購浪潮。吉列當時的現金流充足、管理相對完善，其公司價值遠大於市場價值，因而被其他企業相中，試圖獲取其利潤空間。

面對惡意收購的威脅，吉列採取積極應對，從公司管理入手，持續增強公司實力，進行戰略重組、業務整合；對外，則與收購者周旋，進行股票回購、簽訂停購協議……，經過近三年的自我調整和對外周旋，保持其獨立性，直到投資者巴菲特的加入。

吉列被寶僑收購的過程中，在交易結構、股價產生分歧，投資銀行家和財務顧問之間也出現利益角逐，議論著如何配置才能獲取最大的利益。雖面臨重重困難，但最終仍完成併購，這全要歸功於兩企業的貴人——巴菲特。

巴菲特是吉列早期的投資人，在併購過程中，他協助防禦了其他企業的惡意收購，更幫助吉列遴選新任執行長，還特地為併購站台，增強股東的信心，讓兩方順利完成此次交易。

寶僑合併吉列後，可取代聯合利華，成為全球日用消費品業的龍頭，員工總數達到十四萬人，企業高層裁員四％，約六千人，裁員主要集中在重疊的企業管理部門和重複的生產部門，但吉列的總部波士頓仍保持較大規模，同時也將相關部門進行整合，公司每年大約可減少一百四十億到一百六十億美元的營運成本。

股東彈劾 老將重掌帥印

收購吉列後，雖為寶僑帶來很大助益，但面對競爭對手高露潔（Colgate-Palmolive）和聯合利華（Unilever）猛烈的進攻，寶僑仍腹背受敵，於二〇一二年上半年連續三次對外宣布削減營利預期，期望下半年度業績有所好轉；但，二〇一三年初業績僅達到公司發布預期的下限，營收增幅低於預期，引發部分股東不滿，要求公司盡快採取措施，在必要時進行管理層的調動，以利改善公司績效。

時任執行長的麥唐納於一九八〇年加入寶僑，從品牌助理做起，曾做過多個管理職位，在賴夫利退休後，於二〇〇九年升任執行長。麥唐納是賴夫利親自選定的繼任者，賴夫利相當看好他，把他視為最合適的人選。

但是，麥唐納接管公司後，整體營運並不理想，引起眾多股東不滿，屢遭彈劾，因而在公司董事會和比爾．艾克曼（Bill Ackman）等激進投資者的壓力下，於二〇一三年六月三十日辭去執行長職務。董事會重新聘用賴夫利，接手麥唐納的執行長之位。賴夫利重回寶僑後，進行大刀闊斧的改革，剝離非核心、小品牌等盈利能力欠佳的業務，將集團品牌組合從一百六十個減至六十五個，總交易額超過二百億美元。

抓大放小 專注核心品牌

賴夫利認為，寶僑在過去幾年，業績停滯不前甚至倒退，是因為未把精力放在核心品牌、技術及業務比重大的主要國家，他挑選十個銷售額逾十億美元的旺銷產品，暫停一些耗資巨大的研發項目，並裁減九千六百位員工，為公司省了二十億美元。他也點出某些規模大且成長快速的市場，如亞洲地區的美妝業務，努力衝高市占率，提高營收成長，維持本就居於主導地位的地區，補強以往的弱項。

寶僑專注於汰漬洗衣劑、恰敏（Charmin）衛生紙、吉列刮鬍刀、幫寶適紙尿布、佳潔士牙膏，以及 Bounty 廚房紙巾等六十五個消費品牌，這些品牌為公司帶來約九〇％的銷售額，貢獻約九五％的利潤；另外，剝離或退出九十至一百個規模較小的品牌。

保留的品牌中，有二十三個銷售額在十億美元到一百億美元之間，十四個在五億美元至十億美元之間，其餘品牌的年銷售額在一億美元到五億美元之間；每一個被保留的品牌都是在產業、品類和領域的領導品牌，是消費者喜愛、客戶支持的、有增長潛力的品牌。

寶僑也陸續處理了其他四十個品牌，包括向競爭對手聯合利華出售香皂及沐浴露品牌佳美的全球業務，以及激爽（Zest）在北美及加勒比地區外的業務等，並將旗下的三個寵物食品品牌大部分業務出售給瑪氏（Mars）。

二〇一五年，香水巨頭科蒂集團（COTY）也宣布以一百二十五億美元收購寶僑旗下香水、護髮和化妝品業務，成為近年來美妝行業最大的一筆併購。此次收購寶僑旗下四十三個美容品牌，包括蜜絲佛陀、封面女郎、威娜護髮用品，以及Gucci和Hugo Boss香水品牌。

二〇一五年七月三十日，賴夫利完成一系列改革後「再次退休」，由資深員工大衛・泰勒（David Taylor）於二〇一五年十一月一日接任執行長，又於二〇一六年七月一日，從賴夫利手中接下董事長的職務。

董事會爭奪戰 組織大幅改組

寶僑的衰退，曾引起一場史上最大的代理權之爭。二〇一七年七月，美國對沖基金公司特里安（Trian Fund Management）對外發表聲明，表示特里安公司創辦人之一的尼爾森・佩爾茲（Nelson Peltz），準備發起一場代理權爭奪戰，欲謀求寶僑董事會席位，以藉此「驚醒」寶僑這家消費品巨頭。

其實，早在二〇一七年二月，特里安基金就買入寶僑公司約三十三億美元的股票，成為第五大股東，占其發行在外股票總數約一・五％。特里安基金於二〇〇五年成立，專門發掘業績不佳、被低估的企業，經由積極參與企業管理，提高股東的獲益，作風向來要求其投資的公司必須把營運重心放在核心業務上、不斷削減成本、加強管理層的效率，跟其他激進派投資人一樣，認為出售資產或分割業務才能提升股價；而且，為了讓其投資企業高層低頭，特里安有時甚至會透過董事會內部運作，或訴諸輿論施壓，以達成目的。

二〇一七年七月中旬，特里安基金（以下簡稱特里安）向寶僑發布一份代理聲明，提名佩爾茲為董事會成員。佩爾茲稱寶僑太過關注於核心產品，以致在創新這塊十分落後；而且，寶僑內部結構太過複雜，公司轉型受到官僚主義阻礙，因而極力建議把五大核心部門架構重組為三個，專注中小型品牌，以提高銷售。

其實，特里安並非寶僑首次面對的激進派投資人，二〇一二年，艾克曼（Bill Ackman）旗下的 Pershing Square 公司投資寶僑後，就以獲利持續下滑為由，要求更換執行長，麥唐納便在一年後被替換掉，改由賴夫利回鍋。

寶僑不是特里安所持股公司中唯一歷經變動的企業，但寶僑過去十年的表現相當令人失望，因而希望能幫助寶僑突破正面臨的市場挑戰，及疲軟的股東報酬率。特里安認為，寶僑在二〇一二年啟動的一百億美元成本削減項目，並未讓公司的銷售收入和利潤產生顯著的成長，之後又再度提出一百三十億美元的削減計畫，但有鑑於先前效果不彰，新計畫並不被看好。

寶僑也針對其論點做出回應，董事會和管理團隊專注於執行公司戰略，推進改革、提高銷售額及銷量，並加強內部的組織結構和文化建設。二〇一五年，泰勒接手執行長之初，便指出逾一百八十歲高齡的寶僑極需變革，他延續賴夫利的營運方針，持續削減一半以上的品牌，並承諾於二〇二一年前減少一百億美元的成本支出。

況且，特里安雖是寶僑第五大股東，但僅持有一．五%股份，若想取得代理權爭奪戰的勝利，需要獲得更多股東的支持，證明佩爾茲能勝任董事職責，讓他進入董事會。

在此次史上規模最大的代理權爭奪戰中，佩爾茲希望能在寶僑董事會中占有一席之地。代理權大戰在二〇一七年十月曾有暫時性的結果，年度大會初步投票顯示，寶僑以些微的優勢擊敗佩爾茲，所有董事均連任；但，董事會最後仍任命佩爾茲為董事會成員。

對此，寶僑對外公開解釋：「由於比數非常接近，仍有大量股東投票支持佩爾茲擔任董事，因而與佩爾茲就董事會席位進行多次討論。」為了讓佩爾茲加入，寶僑特將董事會席位從十一席增加至十三席，另一位新任董事為約瑟．希門尼斯（Joseph Jimenez），是諾華製藥公司（Novartis）的執行長。

佩爾茲最終的任命是這場爭奪戰的轉折，雙方皆花費超過一億美元，借郵件、電話和廣告來吸引零散投資者。佩爾茲認為寶僑過分依賴其傳統品牌，應該用小眾產品來抓住新一代消費者的歡心；而寶僑執行長泰勒也大方表示，公司將繼續聽取佩爾茲的意見，並對他在產品研究和簡化寶僑結構戰略表示肯定，爭奪戰才就此落幕。

啟動組織變革 減法精簡事業群

由於消費必需品市場一年多以來幾乎呈現零成長，市場疲軟對寶僑產生重大影響，不斷與競爭對手打折扣戰的情況下，幾乎抵銷了公司原先積極降低成本的優勢，且激進投資者佩爾茲加入董事會後，就不遺餘力地推動企業簡化運動，認為這能有效改變責任制度、靈活性與對當地市場的需求。

所以，為提振企業獲利前景，寶僑在二〇一八年十一月八日於俄亥俄州年度投資者會議中，宣布重組龐大的企業架構以簡化經營。執行長泰勒表示：「這是寶僑在過去二十年來最重要的組織變革，我們將擁有一個更富參與感、靈敏和負責任的組織，專注於透過自身優勢、生產力為動力，以及以迅速的市場經營來贏得消費者青睞。」

寶僑在供應鏈上節省更多資金，也進一步壓縮廣告支出，改在網路投射廣告，以節省更多成本；公司也針對工廠進行改造，改良後的工廠能生產更多不同的產品，不再是原先一、二種品項，加快生產速度並降低分銷成本，除節省成本支出外，也積極改善包裝，並強化和消費者之間的溝通。

原先十大業務再精簡為六個事業群，按產業畫分，分別為健康護理、美容美髮、家庭護理和風投、嬰兒及女性護理，每個事業群都有一位執行長，由他負責執行所有重大決策，如直接銷售、產品創新、成本控管和供應鏈。

這六大事業群遍及美國、加拿大、中國大陸與日本等地，占寶僑集團總體銷售額八〇%左右，剩餘的拉丁美洲、中歐、中亞等較小的市場，則另外獨立出一個單位，由集團財務長喬恩・摩勒爾（Jon Moeller）監督，原本的區域銷售總裁必須向摩勒爾匯報。

持續轉型 加碼收購利基品牌

寶僑曾大幅縮減旗下品牌數量，由三百多個銳減至六十五個，以提振集團業績，但效果並不顯著，因此集團重組後，又再度重拾多品牌戰略。對內，進行優勝劣汰，在市場檢驗下，留下最好的品牌；對外，品牌間也能共享管道、資源和經驗，有效分散風險，並在零售終端占據地利優勢，鞏固在該類市場的領導地位。

現今國際市場穩定發展，發展中國家的需求又不斷增加，且隨著個人健康安全意識的提升，有抗氧化功效、可提升皮膚免疫力的天然產品需求也迅速增長中，預計未來全球個人護理市場，將以九．五%的年均複合增長率持續成長，至二〇二五年，該市場的規模將擴大至二百五十一億美元。

寶僑因而又陸續收購各家品牌，二〇一七年十一月，以一億美元的價格，收購舊金山香體露品牌 Native Deodorant。二〇一八年二月，收購紐西蘭天然皮膚護理品牌 Snowberry，具體交易條款未披露；四月，以約三十四億歐元收購德國默克集團（Merck KGaA）旗下消費者保健事業；七月，以二．五億美元收購美國敏感肌膚修復品牌 First Aid Beauty；十二月，收購美國個人護理公司 Walker & Co.，具體交易資訊也未公布。二〇一九年二月，以超過一億美元收購美國增長最快的女性健康用品公司 This is L.。

但，儘管力求轉型，傳統大型企業轉型困難的壓力，仍深深壓在寶僑身上，受限於產品老化、銷售管道單一等問題，老品牌陷入價格戰的漩渦無法避免；新品的研發和推廣也沒有新穎、快速、有效的行銷策略，導致新品、老品營銷脫節、陷入價格戰，或處於庫存積壓狀態，而持續增高的行銷費用卻沒有帶動營收同比例成長，導致寶僑這樣的一線品牌在品牌戰略和市場策略上，也處理得左支右絀，無力招架。

寶僑於二〇一九年四月四日起，股票自巴黎泛歐證券交易所下市，未來公司的流通股數絕大多數集中在紐約證交所（NYSE）交易，約占總交易量的九成。此項改變，在投資市場上引起不小的騷動，但寶僑聲明表示，因公司在泛歐交易所成交量低，以及成本和管理需求，因此向泛歐交易所申請下市，泛歐交易所也已經予以批准，並非營運產生危機。

啟示：有組織力，才有創新力

併購、瘦身、換帥、裁員、縮減預算等詞彙，這些年來一直圍繞著寶僑，做為一家成熟的老牌公司，各種流程體系非常完善，但很多時候也意味著決策流程長、速度慢。企業的組織能力若無法有效因應市場發展，必然會影響企業在各方面的創新能力，而組織能力本身不足也是企業創新觀念缺乏的表現，這家消費品巨頭需要一場極具勇氣與智慧的變革，以證明它的這場衰退不是無可挽回的，而這間百年企業未來又會如何發展、突破重圍，再次打造盛世，我們拭目以待。

美系血統的家用消費品巨人：寶僑（P&G）

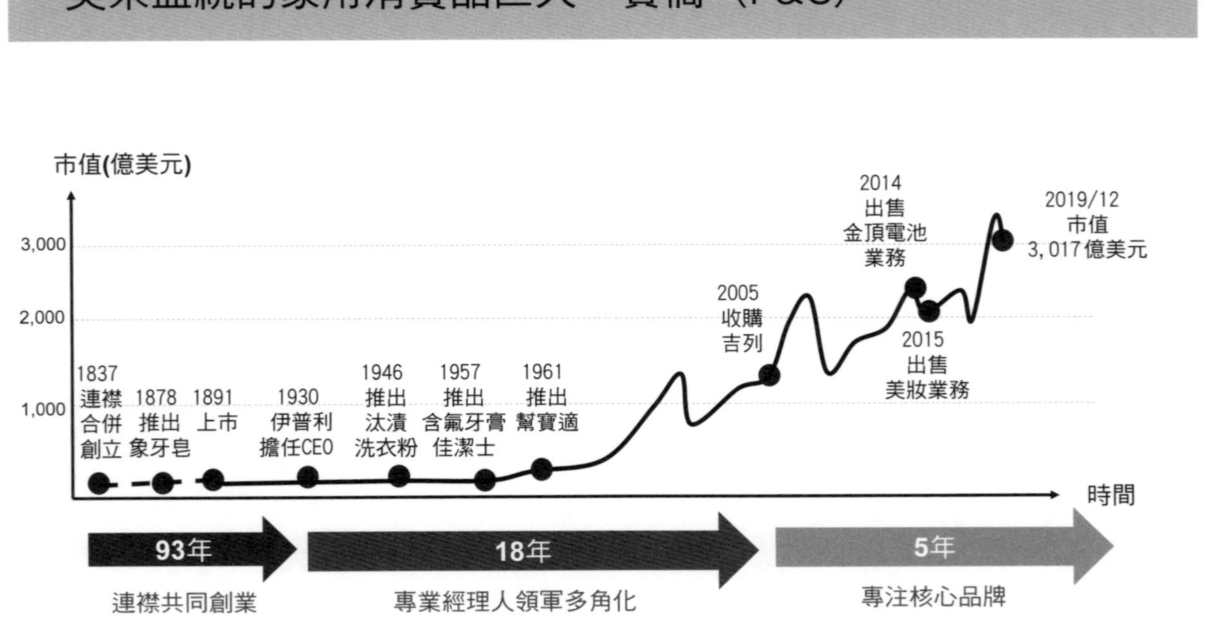

Notes

參考文獻及延伸閱讀： 1. 寶僑官網 /2.Davis Dyer, Frederick Dalzell, Rowena Olegario, (2004), Rising Tide: Lessons from 165 Years of Brand Building at Procter & Gamble/3.A.G. Lafley, Ram Charan, (2008), The Game-Changer: How Every Leader Can Drive Everyday Innovation/4.A.G. Lafley, Roger L. Martin, (2013), Playing to Win: How Strategy Really Works/5. 周禹、白潔、李曉冬 (2011)，P&G 寶僑 : 無所不在的百年巨人 /6. 蔡鴻青、企業發展研究中心 (2019)，蓄勢破繭而出的日用消費品巨龍一寶僑。董事會評論，第二十一期，6-18。

杜邦（DuPont）

屢創科學奇蹟的法美化工巨擘

杜邦公司（E. I. du Pont de Nemours and Company，簡稱 DuPont）原為家族企業，創立於一八〇二年，創辦的杜邦家族從法國移民美國後，靠銷售軍火致富，一九三〇年代引領開發尼龍材料及石化產品。一九六七年去家族化經營後，家族持股降到約一〇%，一度走向多角化經營，現今市場遍及九十多個國家，經營業務包括化學製品、材料科技及生物科技等，產品應用範圍橫跨食品營養、健康保健、紡織、建築及電子多個領域。

杜邦在二〇一七年與陶氏化學（Dow Chemical Company）合併成為陶氏杜邦（DowDuPont），一舉成為全球第二大化工公司。合併後實體為一家控股公司後，二〇一九年分拆成三家獨立上市公司。二〇一九年三家合計營收為七百八十三億美元，二〇二〇年六月底三家合計市值約為八百九十一億美元。

二〇〇〇年，杜邦試圖從化學公司轉型科學公司，發展卻已時不我與，多項業務未達全球龍頭規模。創立超過二百年的杜邦，經歷過創辦家族退出經營，專業經營團隊接手的過程，對外尋求併購過程也是一波三折。然而，合併完成後的陶氏杜邦於二〇一九年再次完成一拆三的壯舉，其中，農業公司正名為科迪華農業科技（Corteva Agriscience），材料科學公司命名為陶氏（Dow），特用化學產品公司則命名為杜邦（DuPont）。從名稱上，業務回到專業原點，卻也是企業浴火重生的起點。

關鍵轉折I

政治世家 父親庇蔭創業

杜邦的創始人伊魯岱・杜邦（Éleuthère Irénée du Pont）雖是在美國發跡，但杜邦家族來自法國，在法國頗富名望。伊魯岱的父親皮耶・杜邦（Pierre Samuel du Pont de Nemours）是經濟學者兼政治學者，一七八九年法國大革命爆發，受時局牽連下獄；拿破崙上台後，又視皮耶為「保王黨分子」，將他放逐至美國。杜邦一家遂於一八〇〇年元旦早晨倉皇離去。

但，杜邦家族與美國政界關係良好，在新大陸受到各界禮遇。落腳紐澤西州後，杜邦一家就開始醞釀生財致富的計畫，皮耶和大兒子維克多・杜邦（Victor Marie de Nemours du Pont）構想了七項計畫，打算與美國、法國和多明尼加進行貿易，無奈不是失敗收場，就是無疾而終。

一八〇二年五月，皮耶向傑佛遜總統提議，從拿破崙手中買下法國屬地路易斯安那（南起今天的路易斯安那州，北抵加拿大南境，東至愛荷華、密蘇里、阿肯色等州，西到懷俄明州與蒙大拿州的大部分）。一八〇三年五月，兩國順利達成協議，美國以一千五百萬美元購得路易斯安那，領土一舉倍增。傑佛遜為此特地向皮耶致謝，此事也庇蔭了他的小兒子未來事業發展。

由法赴美 創二代瞄準火藥前景

皮耶的小兒子伊魯岱是個化學家，在法國時就開了一間火藥製造廠，移居美國後重拾舊業。兩個兒子中，皮耶比較喜歡小兒子伊魯岱，把繼承貴族爵位的希望寄託在他身上，但他對政治毫無興趣，獨鍾化學。當時，主管法國火藥廠的化學家拉瓦錫是皮耶的好友，伊魯岱在父親協助下進入中央火藥局，學習更精湛的爆裂物製作技術。

杜邦家族一到美國，伊魯岱便看準火藥事業的發展前景。當時，歐洲各殖民地戰爭頻仍，火藥需求相當大；而美國為了擴張領土，與印第安人屢屢爆發衝突，火藥是僅次於糧食的必需品。美國政府鼓勵製造火藥，甚至從外地走私或進口，並且在邁向工業化時特別通過火藥製造業的提案，出資頒行多項獎勵政策。此外，除了戰爭和狩獵，造橋鋪路也少不了火藥。

伊魯岱發現美國生產火藥的技術，比他在法國所學落後，不僅品質差、危險性高，價格還比法國貴了三倍。伊魯岱因此認為，品質良好的火藥絕對大有市場。得到父親支持後，伊魯岱主動與德國法蘭克福的火藥廠聯繫，希望買下美國當時最大的火藥廠，但對方無意出售。

伊魯岱只好從頭建立他的火藥事業。找到理想的建廠地點後，他馬上寫信爭取政府支持。父親皮耶因收購路易斯安那一事，而與美國政府關係良好，伊魯岱成功說服了傑佛遜總統。

祖國技術與金援 奠定事業基礎

美國政府雖然同意設廠的申請，但不願出資贊助，伊魯岱必須另行設法籌措資金。借助於父親與兄長先前在法國政界的名望，他順利獲得幾位銀行家贊助；另一方面，伊魯岱也積極與拿破崙接觸，希望得到法國政府在資金和技術方面的支持。

野心勃勃的拿破崙決心與英國開戰，稱霸歐洲，伊魯岱把握機會，表示只要法國政府支持他，未來將無條件供應其所生產的火藥。在拿破崙的支持下，法國政府不僅為伊魯岱提供技術援助，更指派工程師協助設計火藥廠，以及所需的機械設備，還鼓勵私人到美國投資。

法國的技術大幅解決美國火藥原先的品質問題，射程亦大為提升，深得美國軍方喜愛，從杜邦第一批火藥出廠起，訂單就源源不絕。一八一二年，美國政府採購二十萬磅；隔年提高到五十萬磅；一八二〇年，杜邦成為美國政府最大的火藥供貨商；一八四八年，美墨戰爭期間，美國政府採購一百萬磅；南北戰爭期間，杜邦賣給政府約四百萬磅火藥，成為美國最大的軍火販售商。

一直到一八六七年，諾貝爾發明威力比黑火藥強三倍的新式炸藥，黑火藥的地位才開始受到撼動。之後，無煙炸藥和黃色炸藥又相繼研發，終使得黑火藥在二次世界大戰後用量大減，一九七〇年代中期宣告停產。

二代將軍接班 鐵腕獨裁創巔峰

一八一七年八月，皮耶去世，由兩個兒子維克多和伊魯岱接掌杜邦家族。然而，維克多在一八二八年因心臟病發身亡，一八三四年，伊魯岱也因同樣的病症離世，留下相當可觀的家業。

伊魯岱的長子阿爾弗雷德・杜邦（Alfred V. du Pont）時年三十六歲，理應由他繼承，但他不想坐上總經理的位子。次子亨利・杜邦（Henry du Pont）時年二十二歲，畢業於西點軍校，一直在陸軍技術部門服役，對公司事務一無所知。三子阿萊克西斯・杜邦（Alexis Irénée du Pont）熱中於科學研究，但當時只有十八歲，還是個中學生。

由於一時後繼無人，只好由伊魯岱的二女婿安東尼・彼得曼（Antoine Bidermann）暫時接任總經理。但是，他認為這個職位理應由杜邦家族的成員擔負，所以一面忙於公司事務，一面培養阿爾弗雷德，俾使他能盡快接班。

一八三七年，彼得曼將家族經營權交還阿爾弗雷德，由阿爾弗雷德擔任董事長。但是，阿爾弗雷德在一八五〇年一場實驗爆炸意外中受傷，因而退下董事長之位，由弟弟亨利接任。亨利畢業於西點軍校，人稱「將軍」，隨著領導權的轉移，公司的管理模式也轉為軍事化的鐵腕治理。

亨利對炸藥技術一竅不通，有關技術層面的事務，都交由阿爾弗雷德的兒子拉默特・杜邦（Lammot du Pont）負責。拉默特熱愛化學，而且相當有管理、經營的能力，叔姪共治下，帶領家族企業成長。亨利還透過行會和兼併同行，使杜邦迅速發展。

亨利擔任董事長期間，其單人決策成效良好。他的管理方式無法言喻，也難以模仿，完全是個人的經驗式管理。公司所有決策都由他親自裁定，契約和支票也都由他簽訂、開立；他一人決定利潤的分配，周遊全美監督好幾百家經銷商。亨利接任初期公司負債五十多萬美元，之後卻帶領杜邦成為業界龍頭，將公司推向巔峰。

叔姪相繼過世 強人治理崩解

拉默特是杜邦家族第三代幾十個孩子中，公認最有能力的人之一，其多項發明幫助公司降低火藥成本，而他也是美國火藥貿易協會的第一任主席。但，拉默特不幸於一八八四年一場事故中被炸死，對杜邦家族是不小的打擊。

到了一八八九年，亨利也去世，杜邦原本的獨裁管理模式宣告崩解。亨利有阿爾傑農・杜邦（Henry Algernon du Pont）和威廉・杜邦（William du Pont）兩個兒子；阿爾傑農擔任威爾明頓鐵路公司董事長，負責家族的運輸事業，也是參議員。但他們沒有亨利的鐵腕，也沒有拉默特的頭腦，亨利去世後沒人敢說自己能讓家族延續往日輝煌，更別提再創高峰。家族為避免因繼承產生內鬥，在亨利死後召開家族會議，決議採取折衷的方案，由亨利弟弟阿萊克西斯的長子尤金·杜邦（Eugene du Pont）擔任家族新領導人。

從一八三七年彼得曼將管理權正式交還伊魯岱的兒子開始，杜邦家族便以合夥制模式進行管理。公司由家族成員組成委員會（多為三人），一人為高級合夥人，其餘為初級合夥人；文件由高級合夥人簽署，重大事務由委員會商議決定。家族內部有嚴格的制度，長子擁有如同家長的執行權，但家族財產為所有成員共有；就算是合夥制的合夥人也沒有薪水，只領取必要活動經費，盈利全部用於公司營運；鼓勵家族內部通婚。這些傳統確保家族團結，不致分裂，家族財富也不會稀釋，使杜邦形成獨特的「封建大家族」。獨特的合夥制使家族後代在接手公司時，不像一般家族企業爭權奪利，得以穩固地拓展公司業務，並一邊開枝散葉，擴大家族規模。

關鍵轉折 II

三巨頭時期與組織轉型

新一任領導人尤金自賓州大學畢業後開始從商，在實驗室裡當過拉默特的助手，一八八六年申請火藥壓粉技術及棕色稜鏡兩項專利。一八六四年，尤金成為公司初級合夥人；一八八九年，繼任伯父亨利高級合夥人的職位；一八九五年，協助成立美東炸藥公司。一九一二年，美東炸藥公司與杜邦合併。

雖然家族推派尤金出任董事長，實則不看好他能帶領家族發展得更好，甚至認為連要維持現狀都很困難。由於市場環境日益艱難，連亨利在位後期都愈來愈吃力了，遑論是尤金這等欠缺管理經驗的後輩。

尤金上任後，發現有很多事情無法按照自己的想法解決，頗感力不從心，因此決定改革。他把部分權力下放，同時精簡組織，裁減工廠的資深工人，以期提高工作效率。然而，杜邦從伊魯岱開始實施員工終身雇用制（相對地，工人必須同意永遠不拿在杜邦學到的火藥製造經驗和技術為其他雇主服務），所以尤金裁員使得這些員工極度不滿。其實，亨利當初也意識到這個問題，但他瞭解經營企業以穩妥為主，如果貿然裁員很容易引起爭端，反倒讓公司產生巨大損失。

果不其然，裁撤資深員工後，杜邦最引以為傲的安全規範及和諧勞資關係開始出現漏洞。一八八九年耶誕夜，杜邦家族有穀倉突然著火，一星期後換另一間糧倉著火，縱火事件稍停幾個月後，又有兩座糧倉相繼起火。一八九〇年十月，有一座工廠發生爆炸，這是杜邦公司史上最嚴重的爆炸事故，除了損失巨額財產，還有十二名工人死亡。接二連三的事件令尤金十分不安，他認為是自己未像亨利那樣施行鐵腕政策，才導致問題不斷發生，因而開始愈發獨斷。此舉引起某些家族成員不滿，開始思考他是否具備領導家族的能力；可是，尤金不願將大權下放，打壓晚輩的問題也更加嚴重，行事風格讓人愈來愈難以忍受。

合夥制退場 改制股份有限公司

某次家族會議中，亨利的長子阿爾傑農對眾人說：「何不取消合夥制，實行更容易管理的股份制？」他觀察到杜邦公司規模龐大，原先獨裁的方式已不能適應時局發展，因而向眾人提出公司應畫分股份、明確職責的新模式。

雖然阿爾傑農並無實權，但他說的話仍舊有一定分量。一八九九年，杜邦公司正式結束沿襲超過一甲子的合夥制，改組為股份有限公司。改組後，尤金的權力受到限制，重大事務轉由董事會決議；同時調整公司內部結構，各部門擁有更大的自主權，力求在複雜的市場上穩健發展。

掌門人驟逝 家族三巨頭登場

一九〇二年適逢杜邦創立一百年，理應大肆慶祝，不料掌門人尤金染上感冒，後轉為急性肺炎，驟然離世。尤金猝不及防地過世，讓公司再度發生接班危機，加上他生前過於打壓後輩，家族又一次面對後繼無人的問題。幾名重要家族成員召開祕密會議，決定以一千二百萬美元將公司賣給競爭對手拉弗林蘭德火藥公司（Laflin & Rand Powder Company）。

杜邦創辦人伊魯岱的曾孫艾爾弗雷德・杜邦（Alfred I. du Pont，二代長子阿爾弗雷德的孫子）是董事會中唯一的年輕人，他對家族長輩的決定大為不滿，認為家族基業怎能輕易落入他人手中？但，要阻止公司被賣，就得設法籌到一千二百萬美元的巨款，他為此傷透腦筋。

艾爾弗雷德想到富有的堂哥湯瑪斯・科爾曼・杜邦（T. Coleman du Pont），向他提出合夥買下杜邦的計畫。科爾曼對此很感興趣，但提出擔任董事長的要求；別無他法的艾爾弗雷德只好答應。科爾曼加入後，想到還有一起共事的堂弟，也就是拉默特的兒子皮埃爾・杜邦（Pierre S. du Pont）。

科爾曼雖然富裕，但要拿出一千二百萬美元現金相當困難，三人商量後決定再加碼八百萬美元，總價二千萬美元，但只付給股東利息。這項提議獲得阿爾傑農支持，畢竟一千二百萬美元閒置在家太可惜，不如直接收取利息，資產還能比預期多出三分之二。

其他股東看到阿爾傑農支持後也相繼同意，一九〇二年公司召開股東大會，正式簽訂收購協議，從此杜邦公司歸艾爾弗雷德等三人所有，由科爾曼擔任董事長，艾爾弗雷德任副董事長，皮埃爾任財務主管，後人稱為「中興三巨頭」。他們三人富有遠見，具備相當水準的管理、經營才能，讓杜邦公司在競爭激烈的二十世紀站穩腳步，成為一家現代化管理的公司，帶領百年家族企業杜邦得以迎接下一個更輝煌的百年。

集團化管理架構 奠基規模化生產

第四代的三名年輕人接手杜邦後，精心設計一套集團式經營的管理體制，成為美國第一家集團式經營的企業。

集團式經營實行統一指揮、垂直領導和專業分工的原則，由於職責清楚，生產效率顯著提升，大大促進公司的發展。二十世紀初，杜邦公司生產的五種炸藥占當時全美總產量約七四%，無煙軍用火藥甚至高達一〇〇%。一戰中協約國軍隊有四〇%的火藥來自杜邦，讓杜邦的資產於一九一八年迅速增加到三億美元。

但，杜邦公司在一戰大幅擴張後，逐步走向多角化經營，使公司結構面臨嚴重問題。每次收購其他公司後，杜邦都因多角化經營而嚴重虧損，原因除了戰後通貨從膨脹變為緊縮，主要是公司原有組織對企業成長缺乏適應力。在一九二〇至一九二二年間，大環境需求突然下降，許多企業產生存貨問題，眾人開始意識到公司必須具備根據市場需求變化，改變商品供給量的能力。

於是，杜邦公司進行調整，提出一系列組織結構設立原則，建立全新的多分部組織（ＳＢＵ）。除了設立由副董事長領導財務和諮詢兩個總部，另按產品種類設立分部；在各分部底下，又設有會計、供應、生產、銷售、運輸等職能單位。各分部為獨立核算單位，分部經理可以自主統管所屬分部的採購、生產和銷售。

各分部在不同市場中，能透過協調供給者到消費者的流量，將生產和銷售一體化，使生產與市場需求緊密聯繫。而這些以中層管理人員為首的分部，又能透過直線組織管理其職能活動。總部的管理高層則在大量財務和管理人員的幫助下，監督各分部，用利潤指標加以控制，使他們的產品流量與波動需求相適應。

新分權化的組織讓所有單位構成一個整體，組織具有很大的彈性，能及時適應市場上各式的變化，讓杜邦成為極具效率的集團。

劃時代發明尼龍 再創巔峰世代

三個堂兄弟除了家族事業，也對外進行廣泛多角化投資。一九一四年，科爾曼因病無法繼續掌管杜邦，由主管財務的皮埃爾兼任執行副董事長與代理董事長，並於一九一九年成為新任領導者。精明能幹的皮埃爾制定了現代化的管理架構和會計政策，使公司得以在一戰期間快速成長。皮埃爾將公司獲益再投入其他產業，其中一項便是通用汽車。

杜邦家族以炸藥起家，經歷過好幾場大戰，因此也被稱為「死亡商人」，在力求企業成長的背後，承受極大輿論壓力。所以，杜邦家族自一戰後開始轉向生產民生用品，到了一九三五年，杜邦的產品組成已從爆裂物占九七%，轉變為非爆裂物占九五%。

杜邦秉持基礎研究的精神，不斷創造以聚合物為本的新產品。一九三八年，杜邦推出劃時代的產品——尼龍，獲得全美報紙大幅報導。歷經八年的研發，尼龍一上市便大受歡迎，連人造絲和人造纖維也被它取代。杜邦早期最著名的尼龍產品是絲襪，第一年就賣出六千四百萬雙。

產品多元化始終是杜邦成功的祕訣之一，從尼龍繩到牆面漆，從可麗耐人造石到鐵氟龍不沾鍋塗料，從除草劑到玉米種子，隱藏在超過二千種產品背後的祕密是：所運用的化學原理都十分相似。杜邦化學部主管曾說：「公司合理的發展指向，應是沿著那些產品的化學性質所提示的關聯路線。」他認為，化學就如同在一次家族聚會中，將所有的陌生人聚攏起來，它們是相互關聯的，而杜邦要做的便是找出其間的關聯，合成出有前景、能產生利潤的產品。這看法，杜邦家族也相當認同。

預見專利懸崖 醞釀去家族化

一九六〇年代初，杜邦許多產品的專利紛紛期滿，在市場上不再受到保護，陶氏化學、孟山都（Monsanto）、美國人造絲、聯合碳化物和一些大型石化公司都成為勁敵。影響所及，一九六〇到一九七二年之間，美國消費物價指數上升四％，批發物價指數上升二五％，杜邦公司的平均價格卻降低了二四％，蒙受重大損失。再加上持有多年的十億多美元通用汽車公司股票被政府要求出售，美國橡膠公司轉到洛克菲勒手下，公司向來又沒有強大的金融後盾，可謂危機重重。

關鍵轉折Ⅲ

專業治理年代與轉型重組

早期的杜邦一如大多數家族企業，帶有個人主義色彩，實施合夥制，這個時期的杜邦家族和公司是一體的。

二代的亨利是家族中最具代表性的人物，影響力甚至超越他父親。儘管對炸藥技術一無所知，仍然憑藉卓越的管理和經營能力建立起杜邦帝國，但亨利單人決策、獨裁式的管理方式，將公司帶到前所未有的高度，卻也因為死後無人能承襲他的作風，幾乎毀了公司，直到三巨頭堂兄弟將公司的管理制度化。即使如此，杜邦仍舊面臨重重危機。

一九六二年，杜邦家族的科普蘭（Lammot du Pont Copeland，三代拉默特的外孫）受命於危難之際出任董事長兼總經理，成為新一代掌門人。被稱為「危機時代的起跑者」的科普蘭執行新經營戰略，企圖運用獨特的技術、情報，找出最佳銷路的產品；他強力開發國際市場，但也不忘傳統產品及開發新品。

然而，一家公司不可能在短時間內便產生改變，除了不斷改善、調整公司原有結構，還必須有相因應的組織。科普蘭於是在一九六七年將總經理一職交給非杜邦家族的人，財務委員會主席也交由其他人擔任，自己專任董事長一職，形成全新的三頭馬車式體制。一九七一年，他更讓出董事長職務。

因此，杜邦公司的組織結構於一九六〇年代後期再次發生重大變革，從多分部變成「三頭馬車式體制」，以適應日益嚴峻的市場競爭。之後，於一九六七年十二月，由查爾斯·麥考伊出任總裁，集團正式去家族化。

此一決定，意味杜邦公司結束了長達一百七十年的家族控制，實現所有權和經營權分離。雖然家族仍是公司第一大股東，但僅有少數幾人列席董事會，且平時不參與重要經營決策。

垂直發展 收購石油資產

在許多化學公司投入塑膠產業競爭之下，杜邦公司另尋出路，向建築和汽車等產業發展，使得一九六〇年代每輛汽車消耗的塑膠，比一九五〇年代增加三至六倍；一九七〇年代初，又生產了一種尼龍乙纖維，擠入鋼鐵市場。

當時的杜邦引進新技術，逐步實現新型合成纖維、合成樹脂、塑膠的工業化，取得世界領先地位，同時擴大各種專用化學品、醫藥等業務範圍。

杜邦有八〇%的產品原料是石油，收入七〇%來自石油製品，但一九七三年以來，因石油危機蒙受重大的損失。為建立穩定的原料供應基地，減少油價攀升的影響，杜邦於一九八一年斥資八十億美元收購大陸石油公司（Continental Oil and Transportation Company，簡稱 Conoco Inc.）。這起收購成了當時美國歷史上最大的收購案，也使杜邦的資產和收入增加一倍，並發展為能源、合成材料、醫藥等領域中最大的跨國化工公司。

退出石油資產 再轉型生命科學

當喜歡不斷創新的杜邦意識到能源業務將不再與其新方向一致，便決定在一九九八年分離大陸石油，並宣布以生命科學做為公司的核心業務，一個月內股票上漲一二%。一九九八年五月，杜邦出讓大陸石油，估值約二百四十億美元，並用獲得的收益另組一家基因組研究公司。

一年後，杜邦收購農業種子公司先鋒種業（Pioneer Hi-Bred），也與生技公司傑能科（Genencor International）達成合作協議，共同開發出一種新型的化學原料，用於製作可再生塑膠，廣泛應用於家庭用品、汽車零件和服裝領域。

此外，杜邦於二〇〇三年將紡織纖維部門獨立為杜邦纖維與內飾公司（DuPont Textiles and Interiors，簡稱 DTI），但隔年就以四十四億美元的現金將ＤＴＩ賣給柯氏工業集團（KochIndustries）。二〇〇一年，杜邦紡織纖維業務的全球銷售額達六十八億美元，利潤豐厚，因此許多人不解杜邦為何剝離ＤＴＩ。其實，這是經過深思熟慮的計畫。數年前，杜邦便開始致力於從一家「化學公司」轉變成「科學公司」，並提出「創造科學奇蹟」的新定位，為杜邦二百年歷史中的第三次自我重塑。

二〇〇五年，杜邦又與農業公司邦吉（Bunge Limited）合作生產一種大豆蛋白並和傑能科共同開發第二代纖維素生物燃料。

放眼未來 兩大巨擘握手言和

二〇一五年十二月十一日，美國化工產業兩大巨擘杜邦和陶氏化學宣布以換股方式合併，雙方各持五〇％股份，合併後的公司名稱是「陶氏杜邦公司（DowDuPont）」。

合併之前，杜邦和陶氏化學之全球營收均落後於孟山都、瑞士先正達（Syngenta）、德國拜耳（BayerAG）。根據二〇一四年財報，陶氏營收約五百四十億美元，杜邦營收約二百八十億美元。為迎戰激烈的產業競爭、商品價格下滑與美元升值的衝擊，以生技育種見長的杜邦和擅長作物保護的陶氏決定合併，兩年後終於獲得美國反托拉斯監管官員核准。陶氏杜邦完成合併並重新掛牌，締造當年度全球最大ＩＰＯ案，並成為全球第二大化工企業，市值達一千六百五十億美元。

陶氏董事長兼執行長安德魯．利沃里斯（Andrew N. Liveris）說：「這項合併將會改變產業的遊戲規則，這兩家強大的材料科學發明者合併，是杜邦和陶氏過去累積而來的遠見。」歷經好幾代皆能保持旺盛創造力的杜邦家族，就這樣再次走到時代的前端。

創新交易 合併再一拆三

併購完成後，陶氏杜邦成為單一控股公司，然而，短暫的合併，卻是為了未來進一步的公司拆分與資本重組（recapitalization）。二〇一九年進行的一拆三交易，將可創造農業、材料科學、特用化學三個行業的龍頭。陶氏杜邦預估，合併後再拆分，將產生約三十億美元的營運成本綜效，並可實現約十億美元的成長綜效，公司、股東、客戶都能因此受惠。

陶氏和杜邦的互補優勢，透過合併及隨後成立的三家公司，能更快速、有效地對迅速變化的市場環境做出反應，獲得的利益將最大化，客戶也受益於卓越的解決方案，和更廣泛的產品線。業內人士分析，產業或許將迎來更多新的併購，全球種子業和農作物化學品產業的格局也將發生變化。

而此次先併後拆得以成功，臨門一腳的要角是美國對沖基金公司特里安（Trian Fund Management）。特里安專注於消費品、工業和金融投資，二〇一五年時持有杜邦約二·七％的股份，為其第五大股東。特里安的創辦人之一尼爾森·佩爾茲（Nelson Peltz）是華爾街著名的激進投資者，二〇一三年便向杜邦提議分拆旗下的農業、營養與健康、工業生化事業體；但，杜邦認為這樣做會產生近四十億美元的花費，並不值得。佩爾茲曾爭取特里安基金在杜邦董事會的席次，但未成功。

二〇一五年十一月，杜邦新任執行長溥瑞廷（Edward Breen）上任。溥瑞廷先前擔任泰科國際（Tyco International plc.）執行長期間，曾將企業分拆為三家專注於不同業務的公司，因此分析師認為他可以贏得激進投資者的支持。十一月月底，溥瑞廷拜訪特里安基金，在佩爾茨簽署保密協議後，溥瑞廷向他透露杜邦正與陶氏籌畫合併交易。由於特里安基金在拆分大型企業集團方面的經驗豐富，陶氏和杜邦都希望這家機構能參與其中。

一拆三前，陶氏杜邦在二〇一七年底市值約一千七百億美元。拆分後，陶氏（Dow）於二〇一九年四月一日，從陶氏杜邦控股公司剝離出來上市，並被加到道瓊工業平均指數中，二〇一九年營收為四百二十九億美元，二〇二〇年六月底市值約三百零二億美元。同年六月，科迪華（Corteva）農業科技完成從陶氏杜邦公司的拆分，獨立上市，於紐交所掛牌，二〇一九年營收為一百三十八億美元，二〇二〇年六月底市值約為二百億美元。而更名為新杜邦（dupont de nemours inc）特用化學，則包含了杜邦和陶氏的營養與健康、工業生物科學、安全與防護、電子與通信等業務，二〇一九年營收約為二百一十五億美元，二〇二〇年六月底市值三百八十九億美元。二〇二〇年六月底，三家加總市值為八百九十一億美元，低於二〇一七年底分拆前一千七百億美元。

陶氏現在的CEO是吉姆．費特林（Jim Fitterling），他於一九八四年進入陶氏化學，曾負責陶氏在東南亞、澳洲、拉丁美洲等區域與各子公司業務，協助利沃里茲完成一拆三工程後，二〇一七年接替利沃里茲的職位擔任陶氏CEO。

科迪華的CEO則由吉姆．柯林斯（Jim Collins）擔任。他於一九八四年加入杜邦，主要負責杜邦在全球種子和農作物保護業務。在陶氏杜邦合併之前，他是杜邦公司執行副總裁，負責該公司的農業部門，包括杜邦作物保護和先鋒公司，合併後曾任陶氏杜邦農業部營運長。

合併後，被《華爾街日報》譽為分手專家的溥瑞廷，升任為杜邦董事會主席。CEO則由研發工程師出身的馬克．多爾（Marc Doyle）擔任。他曾為杜邦執行副總裁，監督該公司的多種工業業務，包括電子與通訊、工業生物科學、營養學。他也領導了合併前的計畫，合併後擔任陶氏杜邦特用化學部首席營運長。

回顧杜邦與陶氏合併時期，有激進派股東要求杜邦自行分拆，全球最大化工企業德國巴斯夫（BASF）也幾度介入交易。所幸，創始家族股東願意稀釋持股，成就企業永續經營。完成合併換股後，家族持股降到〇・五％，遠不及投資機構先鋒集團（Vanguard Group）七・八％的持股水位，但換股後家族總和財富反而大增，樹立了家族企業永續經營的新典範。

啟示：不確定的年代，是資產重組的絕佳時機

不成長、不確定的年代，正是企業沉潛思考資本與資產重組的絕佳時機。擁有二百年歷史的杜邦公司創始家族股東，雖然經歷過創辦家族退出經營、專業經營團隊接手的過程，對外尋求併購也幾經頓挫，但家族成員不故步自封，願意主動稀釋持股，雖然最後占比已遠不如市場的機構法人，但家族總和財富反而大增，經營業務廣達九十國，切入化學製品、材料科技及生物科技等，產品應用範圍橫跨食品營養、健康保健、紡織、建築及電子多個領域，影響力今非昔比，其所樹立的典範值得深思。

美法混血的化工巨擘：杜邦（DuPont）

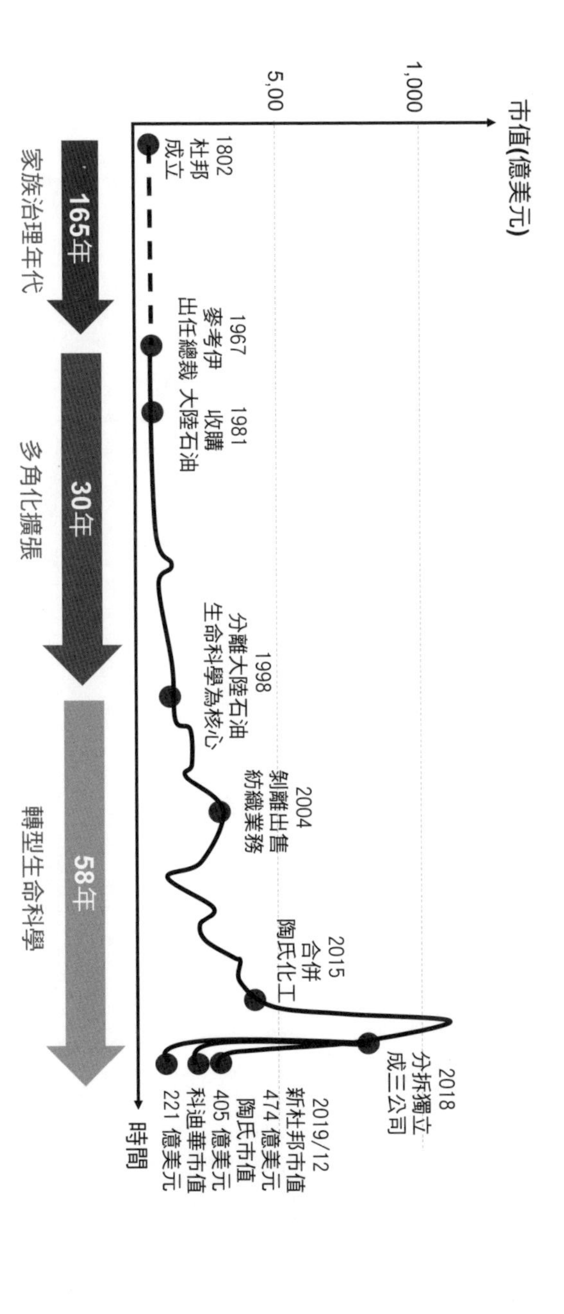
市值(億美元)
1,000
5.00
1802
杜邦
成立
1967
麥考伊
出任總裁
1981
收購
大陸石油
1998
分離大陸石油
生命科學為核心
2004
剝離出售
紡織業務
2015
合併
陶氏化工
2018
分拆獨立
成三公司
2019/12
新杜邦市值
474 億美元
陶氏市值
405 億美元
科迪華市值
221 億美元
時間
165年
家族治理年代
30年
多角化擴張
58年
轉型生命科學

Notes

參考文獻及延伸閱讀：1. 杜邦官網 /2.Joseph Frazier Wall, (1990), Alfred I. du Pont: The Man and His Family/3.Gerard Colby, (2014), Du Pont Dynasty: Behind the Nylon Curtain/4.B. Rajesh Kuma, (2019), Wealth Creation in the World' s Largest Mergers and Acquisitions/5. 李帥達 (2012)，杜邦家族傳奇 /6. 蔡鴻青、企業發展研究中心 (2019)，創造科學奇蹟的時代英雄杜邦。董事會評論，第二十期，6-18/7. 蔡鴻青 (2019)，熊市時，企業最該做的事。財訊雙週刊，572 期。

國際商業機器公司（ＩＢＭ）

力拚彎道超車的美國科技藍色巨人

「藍色巨人」ＩＢＭ（International Business Machines，國際商業機器公司）已有一百零九年歷史，ＩＢＭ公司文化從創辦人老華生時期就重視思考與創新，二十世紀以來的所有科技創新，幾乎無役不與，從打孔機、大型電腦主機、個人電腦（ＰＣ），到軟硬整合資訊服務，也跨足被動元件、ＩＣ設計生產。如今，ＩＢＭ為全球知名資訊科技服務商，產品及業務範圍涵蓋電腦軟硬體、ＩＴ諮詢服務及企業解決方案，觸角遍及全球，在一百六十多個國家設有據點，並擁有八大研究中心與五十所實驗室，二〇一九年營收達七百七十一億美元，二〇二〇年六月底市值達到一千零七十二億美元。

如今，ＩＢＭ期許自己從硬體製造轉型為一站式資訊整合服務商，會有這樣的轉變要歸功於前任董事會主席路易斯・郭士納（Louis V. Gerstner）改變產品策略，從硬體轉向軟體與服務，結合過往硬體優勢，提供顧客最佳解決方案，也為ＩＢＭ創造高利潤。

然而，隨著競爭對手加入，ＩＢＭ的改革之路又開始崎嶇難行。女性ＣＥＯ羅睿蘭（Ginny Rometty）自二〇一二年上任以來，將資源投入雲端運算業務和人工智慧等新技術，彌補設備銷售和服務動能的減弱。但是，至今營收成長卻未如預期，羅睿蘭的營運轉型計畫仍備受市場質疑，二〇二〇年二月遭到撤換。ＩＢＭ從華生穩固基礎後，從機械轉型電子計算機，從大型主機寶座轉型軟硬兼備，轉型為服務提供者後，目前第四度轉型全力投入雲端業務及人工智慧，科技變革日新月異，產品周期愈來愈短，世界已由社群、行動、雲端（ＳＭＡＣ）所主導，外界都在期待ＩＢＭ再次樹立百年企業的新典範。

關鍵轉折Ｉ

藍色巨人的崛起與衰敗

ＩＢＭ前身原名為「計算機列表記錄公司」（Computing Tabulating Recording Corporation，CTR），創立於一九一一年。曾代表紐約市擔任多國外交領事的跨國企業家弗林特（Charles Ranlett Flint），在為巴西與智利組成航運艦隊，整併了美國橡膠（U.S. Rubber）、美國糖膠公司（American Chicle Company）與美國羊毛（American Woolen）後，再顯身手，於一九一一年整併了列表機器公司（Tabulating Machine Company）、美國度量衡設備公司（Computing Scale Company of America），及國際工業用計時器公司（International Time Recording Company）等四家公司後，成立ＩＢＭ，專職生產打孔製表機（補充：早期的計算機需以打孔卡片才能輸入資訊），客戶多為美國政府部門。

然而，儘管ＣＴＲ擁有極佳的技術能力，卻經營不善，虧損連連，由於必須整合另三個性質各異的公司，經過弗林特重整後，在一九一四年聘請老華生（Thomas Watson Sr.）擔任ＩＢＭ總經理，管理整併後的企業。

以「ＴＨＩＮＫ」座右銘 造就運算先驅

老華生為美國紐約木材經銷商之子，一開始只是一家小型收銀機生產公司的銷售員，一八九五年，他加入專門生產收銀機與計算機的安迅資訊（National Cash Register，簡稱 NCR），銷售與管理表現亮眼，因而當上總經理，直至一九一三年離開ＮＣＲ，受邀加入ＩＢＭ。

老華生擁有崇高的願景，其座右銘「ＴＨＩＮＫ」不僅成為公司產品的標識，亦是精神指標，強調尊重員工，鼓勵思考。在他的帶領下，十年後集團擴張了二十五倍，員工成長至一千二百名，公司於一九二四年正式更名為國際商業機器公司（International Business Machines，IBM）。

第一次轉型：從機械轉型電子計算機

老華生的長子小華生（Thomas J. Watson, Jr.）是ＩＢＭ第二代掌門人，亦是ＩＢＭ崛起的關鍵人物。一九四〇年代，ＩＢＭ的打孔製表機市占率已達九〇％，但小華生意識到市場將朝電子產品發展，希望投注研發資源；老華生與大多數幹部卻堅持繼續耕耘機械領域。直到一九四七年，ＩＢＭ赫然發現老顧客開始採用雷明頓．蘭德（Remington Rand）生產的 UNIVAC I 型商用電子計算機，才決定投身電子產品業務；而引領ＩＢＭ第一次轉型的人，就是小華生。

小華生從小在ＩＢＭ公司長大，雖然與嚴格的父親之間經常處於緊繃狀態，但他還是在一九五六年正式成為ＩＢＭ執行長。某種程度上，他挑戰了父親專注打卡機業務的經營方針，轉而研發當時認為「不實用」的電腦主機。據業界估算，當時ＩＢＭ比其競爭對手雷明頓．蘭德的技術落後兩年，因此小華生雇用數百名電子工程師進行研發，積極興建實驗室，ＩＢＭ開始厚植電腦的研發能力，從為美國空軍設計對地追蹤系統開始拓展商用計算機業務，一九五三年，ＩＢＭ開發出 IBM 701 大型商用計算機；一九六四年，耗資五十億美元，相當於ＩＢＭ年營收三倍，開發出可兼容於各種電腦的 System/360 作業系統問世，讓營收在六年內增長三倍，確立ＩＢＭ在電腦上的龍頭地位。

一九六〇至一九八〇年代初期，是ＩＢＭ的巔峰時期。一九八〇年，電腦計算機市占率達七

○%，一九八一年銷售額二百三十七億美元，「藍色巨人」美名不脛而走。

重壓大型主機 輕忽個人電腦崛起

一九六五年，競爭對手迪吉多（DEC）先行開發出VAX系列家用電腦，IBM受到大型機的制約，沒有投入技術資源開發家用小型機。而小華生在一九七一年退休，交棒給開發360系統的最大功臣湯馬士・利爾森（Thomas Vincent Learson），仍以銷售大型主機為核心業務；但兩年後，利爾森也宣布退休，由法蘭克・凱瑞（Frank T. Cary）接任。

凱瑞在一九四八年取得加州史丹佛大學MBA學位後，就服務於IBM，曾任不同單位銷售主管，於一九六七年被任命為高級副總裁，隔年加入董事會，於一九七一年接任CEO。在利爾森退休後，接下董事會主席。

當時，IBM為了持續壯大的個人電腦，核心軟體和硬體全靠外購，如倚靠微軟（Microsoft）提供DOS操作系統，英特爾（Intel）提供中央處理器（CPU），為同業提供了迎頭追上的機會。

迎面而來的挑戰，就是一九七七年，蘋果電腦公司先聲奪人，推出記憶體少、沒有資料庫、運行速度慢、計算能力差，但價格低廉的家用電腦APPLE-I，讓IBM的挑戰更加劇。

面對這種形勢，法蘭克・凱瑞做了一項重大決策，成立了由五十人組成的個人電腦（ＰＣ）開發小組，給予場地、資金和人力支持，並責成該組負責人直接向董事長本人彙報工作。結果，科研開發小組在短短不到一年的時間，就研製出遠勝於蘋果機的 IBM PC 5150 電腦，並且很快成為世界個人電腦的行業標準。

一九八一年八月，ＩＢＭ的第一代ＰＣ機開發成功，研究小組又著手進行企業用的ＸＴ系列和進階版ＡＴ系列，取得了出乎預期的成功。任職十年的凱瑞也在此時功成身退，交棒給約翰・歐佩爾（John R. Opel）。

守舊不變 錯失突破性創新

歐佩爾的父親也在ＩＢＭ工作，歐佩爾在二戰後加入，是當年 360 系統的功臣之一。一九八一年至一九八五年，他擔任ＩＢＭ首席執行長，一九八三年至一九八六年擔任ＩＢＭ董事長。

一九八四年，ＩＢＭ個人電腦營業額已達到四十億美元，一九八五年占據了市占率的八〇％。不過，ＩＢＭ的個人電腦產線，卻從一九八五年起，從獨立的專案開發小組，改由產品經理接掌，創新者變成了守成者，繁瑣耗時的審批窒息了員工的創新精神。

反觀ＩＢＭ的競爭者們，卻一刻也沒有停止追趕和超越，致命的一擊，來自於ＩＢＭ拒不接受英特爾（Intel）新產品的決策失誤。

在一九八四到一九八六年期間，暢銷的 IBM AT 系列採用的是英特爾 80286 的中央處理器，但到了一九八五年，英特爾（Intel）開發出新一代 80386。由於 386 是32位元，比上一代16位元運算能力多了一倍，意味著劃時代的革新。

雖然英特爾在386開發中就知會了ＩＢＭ，並希望ＩＢＭ推出搭載 386 處理器的機種，但ＩＢＭ表現得極為冷淡。歐佩爾當時的考量是：搭載 286 的ＡＴ系列甚為暢銷，雖然是老產品，但價格低、利潤高，如果要推出新品，整個產製流程需徹底改造；再加上 386 價格很高，整機利潤就會大幅下降。

此外，當時只有大型電腦才使用到32位元，如果ＩＢＭ率先推出使用32位元技術的個人電腦，將會衝擊大型機的銷售。從自身利益出發，ＩＢＭ利用市場龍頭和技術標準制定者的身分，阻礙了新科技的推廣。

但是，市場並不會聽命於既有權威，顧客才是上帝。因此，當ＩＢＭ把送上門來的新技術拒之門外時，康柏（Compaq）、宏碁（Acer）等新興對手公司卻抓住了機遇，挑戰ＩＢＭ的霸主地位。一九八六年，康柏公司推出了搭載 386 處理器的新一代電腦，爾後，ＩＢＭ公司逐漸喪失了競爭力和獲利能力，歐佩爾也因此黯然引退。

肢解止血未奏效 反現空前虧損

八〇年代末，ＩＢＭ輝煌不再，海外低成本製造商和國內同業的價格競爭壓力，讓ＩＢＭ董事會於一九八五年從大型機部門提拔約翰．埃克斯（John Akers）上來擔任公司總裁，但埃克斯精簡員工、增聘五千名業務員加強銷售力道、重用產品租賃策略和重構組織結構等措施，卻未能取得預期效果。

一九八六到一九九〇年間，ＩＢＭ的營業收入年增幅只在三％～六％，抵不上營業支出的增長幅度，從而盈利大幅度下降。一九八六年，淨收益從上年度的六十五．六億美元下降二七％。到一九八九年，淨收益又下降到三十七．二億美元，和巔峰時期相比近乎腰斬。

一九九〇年，ＩＢＭ盈餘重回五十九．七億美元，但大多來自一次性收入，ＩＢＭ高層領導沒有意識到這不穩定因素，不少分析師也樂觀地預測ＩＢＭ公司一九九一年盈利應可達七十億美元，埃克斯也許諾股票分紅將提高三五％。然而，到一九九一年第一季，營業支出超出營收，ＩＢＭ發生了十七億美元的虧損。

一九九一年底，埃克斯再將公司依不同事業部門與產品，分割成十三個獨立的子公司，子公司可自訂計畫並自負盈虧。這項將ＩＢＭ「肢解」的計畫，雖在當時獲得多數人讚賞，但並未讓ＩＢＭ起死回生，反而於一九九二年再次出現商界少見的四十九．七億美元大虧空。一九九三年一月，ＩＢＭ股價跌至每股四十美元以下，創十七年來新低，埃克斯不得不提出辭職。

一九九三年，ＩＢＭ虧損達到八十三・七億美元。此時的ＩＢＭ搖搖欲墜，隨時可能宣布破產。董事會面臨股東極大壓力，需要大刀闊斧進行改革。

關鍵轉折II

以硬帶軟 重塑商業模式

這一次，帶領ＩＢＭ重返榮耀的人，是企管顧問行業出身的路易斯・郭士納（Louis V. Gerstner）。郭士納在一九四二年出生於美國紐約市，哈佛大學ＭＢＡ畢業後，郭士納加入麥肯錫（McKinsey）顧問公司，儘管產業基層經驗不多，卻能迅速消化大量資訊，並歸納出問題癥結。他在麥肯錫創造了一項奇蹟——二十八歲成為最年輕的合夥人，更於三十三歲就任最年輕的總監。

後來，郭士納進入美國運通公司（American Express）擔任執行副總。他積極引進外人擔任要職，並以消費者為導向，推行單一品牌，成為建立知名「美國運通信用卡」商譽的功臣之一。一九八九年，郭士納跳槽接任雷諾—納貝斯克集團（RJR Nabisco）的ＣＥＯ。

貴人引路 外行人跨業救援

雷諾—納貝斯克由美國最大的食品商納貝斯克和雷諾菸草公司（RJ Reynolds）合併而成，在一九八〇年代末曾是「美國最受尊敬的九十家公司」之一。該公司當時剛經歷商業史上一次瘋狂競標的槓桿投資，最終由KKR私募基金得手。瘋狂競標的最終收購價格高達二百五十億美元，因此，郭士納在雷諾—納貝斯克任職四年期間，不僅要為高額負債籌募資金，還要權衡合併後，不同公司與事業部門的勢力。針對業務策略，他不斷地檢討：「長期發展方向為何？」及「應該留守目前業務嗎？」

審時度勢後，郭士納展開了「鐵血政策」。他力推洋芋片品牌Chip Star、駱駝牌（Camel）香菸等暢銷商品，並撤換糖果等滯銷品。為了籌募資金，他在上任當年就賣掉價值十一億美元的資產，包括商用噴射客機和公司的豪華大廈，並裁員三千人，縮減各種奢華開支，才控制住公司巨額的赤字。

經過四年整頓，公司終於在一九九二年轉虧為盈。然而，由於當初的槓桿收購並未替投資者帶來預期的回報，KKR準備撤資，郭士納也萌生了退意。

在此同時，在IBM擔任外部董事的伯克（James E. Burke）找上了鄰居郭士納。雖然郭士納並非科技背景，也無相關經驗，但伯克與IBM董事會其他成員相中郭士納的危機處理能力，便徵詢他是否願意擔任ＩＢＭ的董事長兼執行長。

對郭士納而言，這也是「不成功便成仁」的改變。經過兩個多月的洽談，雙方達成協議。郭士納獲貴人授命，在一九九三年四月一日接掌ＩＢＭ。

傾聽客戶 精簡人事成本

郭士納加入的第一天起，ＩＢＭ就開啟一系列的變革。首先，他走出去直接傾聽客戶的聲音，認為資訊革命即將發生，但前提是停止單純的技術崇拜，而應注重科技對於客戶的價值。

幾周後，ＩＢＭ在法國度假勝地尚蒂利（Chantilly）召開會議，邀請公司前二百大客戶參加。這是ＩＢＭ破天荒頭一遭在客戶面前承認自己並非萬事通，也是ＩＢＭ經理人第一次虛心向客戶請教兩個最核心的問題：我們做對了什麼？又做錯了什麼？

根據客戶的回饋，郭士納做出了四大關鍵決策——「維持公司完整性」、「改變成本結構」、「再造商業模式」、「籌集資金」。

從客戶回饋中，郭士納認為公司應整合所有產品與服務，以單一窗口面對客戶才有競爭力。他堅持「服務技術兩手抓，讓ＩＢＭ全面發展」，不僅不能「肢解」，而且要把ＩＢＭ的資源整合成一個巨大的拳頭，為客戶提供從硬體、軟體到公司流程系統搭配的完整解決方案。

ＩＢＭ本業為大型主機業務，但因主機銷售量連年下滑，年收入增長緩慢，毛利率也急速下降。但，主機業務調整非一朝一夕之功，刪減不具競爭力的開支，卻是短期內能轉危為安的方法。自老華生時代以來，ＩＢＭ便非常照顧員工，如終身雇用、待遇優厚等，甚至在一九二〇年美國大蕭條時代，老華生也堅持不解雇。終身雇用制的精神一脈相傳，讓員工一直維持高忠誠度。然而，ＩＢＭ從一九五〇年代開始蓬勃發展，員工數也從十萬上升到四十多萬人，組織龐大、績效評比混亂、作風官僚保守，導致人事浮濫、效率不彰。

根據估算，同樣一塊美元的收入，ＩＢＭ當時需比競爭對手多花十一美分的支出。為提升競爭力，郭士納大舉縮編、裁員，一方面重組管理團隊，另一方面減少財務負擔，並將工資調整為與績效連動，特別是基層員工與中高階幹部，實施「個人業務承諾」制度。同時，郭士納將股東年底分紅減半——從每股二．一六美元下調到每股一美元，並裁員三萬五千人以撙節開支八十九億美元。

第二次轉型：企業再造 大象跳舞

一九九三年起，ＩＢＭ推動一項十年再造計畫，隨著項目不斷拓展，幾乎改變了ＩＢＭ內部所有流程，迄今再造已經成了其企業文化的一部分。當時，ＩＢＭ有一百二十八位ＣＩＯ（資訊長），負責管理各自的系統裝置（包含庫存系統、財務系統、執行系統以及配送系統等）和為這些應用軟體準備設備資金。結果就像十九世紀的鐵路系統，鐵軌標準、車輛分類各異，處理一個跨事業部的財務問題時，竟沒有一套機制能相互協調。

針對事權不統一的問題，郭士納推動十一個領域的再造工程，前六個稱為核心啟動領域，重點在公司外部環境，包括硬體、軟體、執行、供應鏈、客戶關係與服務，目的在提升效率。重大變革如下：

一、軟體與硬體合併為產品開發部

郭士納認為未來的網路時代需要標準與兼容，軟體要能和其他公司的硬體通用，讓用戶能在同一個平台上操作。

一九九五年以前，IBM的軟體只能與自家硬體相容，有鑑於此，IBM發動了一場規模巨大且持久的軟體重寫運動，讓軟體能夠上雲端，並兼容其他作業系統。IBM並為此斥資三十五億美元，收購蓮花軟體（Lotus Software）及智能管理軟體系統公司Tivoli。

一九九九年後策略改變，郭士納與各大軟體公司合作，為顧客提供改善企業流程的方案，喊出軟體即服務（Software as a service，簡稱SAAS）。在郭士納卸任後，繼任的執行長皆蕭規曹隨。

二、擁抱客戶關係

ＩＢＭ過去曾因輝煌成就，忽略了顧客需求，使得客戶失去信心，因此郭士納要求員工深入瞭解客戶需求，並推行「熱烈擁抱計畫」，要求ＩＢＭ的五十名高階經理，三個月內至少拜訪一家公司的前五大客戶；二百名中階經理也同樣執行該計畫，之後每人還須繳交一份書面報告。藉由深入市場、瞭解客戶需要，重拾ＩＢＭ以客戶為尊的企業文化。這種精神迄今仍是ＩＢＭ的核心價值。

三、服務部門獨立

一九九六年，郭士納將服務單位從銷售部門獨立出來，成立「全球服務部」，業務範圍從原來僅限於ＩＢＭ的產品，擴展為能為用戶提供任何產品的整套系統服務。這項業務後來成為ＩＢＭ最成功的營利來源。

四、降低成本

降低成本結果為人力、採購、運輸成本下降八千萬美元，消除壞帳六億美元，銷售成本下降二．七億美元，及材料成本下降近一百五十億美元。

五、活化並處分資產

一方面處分了三千多平方公里未開發的土地與非必要的不動產，另一方面聘用外部供應商，一九九四至一九九八年，不動產再造節省了九十五億美元。

六、刪減資訊技術支出

將一百五十五個數據中心削減為十六個，三十一個內部交流網絡削減為一個。到一九九五年底，資訊技術系統節約了二十億美元。其中，最大出售案，應屬主要服務美國政府的「聯邦系統公司」。雖然該部門在涉及國家安全和太空計畫等層面都擁有重要技術，但因沒有成功的商業運作模式，也是一項永久性的低利潤業務。ＩＢＭ利用當時美國政府熱中於保護工業，同時也有許多買主有意收購時，將該部門以十五億美元高價出售給勞拉空間通訊（Loral Space & Communication）。

另外五項再造則關注公司內部流程，目的為降低成本、改善流程與活化資產。

經過一連串改革，市場認為郭士納成功拯救ＩＢＭ，並重振全球知名電腦軟硬體與資訊科技服務商的雄風。一九九四年，ＩＢＭ轉虧為盈，盈利三十億美元，是一九九〇年以來首次盈利；二〇〇一年銷售額八百六十億美元，利潤達七十七億美元。

透過這些改革，ＩＢＭ共節約了八十億美元的成本，並將內部的資訊技術費用降低四七％。此外，改善流程，將硬體開發時間由四年縮短為十六個月，有些產品甚至僅需六個月。同樣重要的是，客戶滿意度因此大幅提升。

關鍵轉折Ⅲ

從解決方案到雲端 突破新賽局

郭士納將ＩＢＭ從純硬體電腦主機銷售公司，成功轉型成軟硬體一站購足的資訊服務商，開創了科技公司新的商業模式。因為客戶一旦決定採用ＩＢＭ的服務，通常就是簽長期的契約，由ＩＢＭ支援這段期間所有的維修與顧問諮詢，ＩＢＭ因此可獲得穩定的經常性費用，即便千禧年網路泡沫破裂，ＩＢＭ仍比其他同業更具防禦性。

然而，老大哥開創模式，其他同業當然又群起效尤，ＩＢＭ為了更優化客戶服務、深入客戶需求，腦子開始動到併購深耕產業的財務顧問公司上。二〇〇二年第一季，ＩＢＭ連續三季營收獲利下滑，幅度達到十年之最，郭士納因此於二〇〇二年退休，由彭明盛（Sam Palmisano）接替，擔任ＩＢＭ的ＣＥＯ。

第三次轉型：裝上翅膀的解決方案提供者

畢業於約翰霍普金斯大學歷史系的彭明盛，在校期間擔任橄欖球校隊中鋒和隊長，曾獲奧克蘭突擊者隊延攬，然而他婉拒了成為職業運動員的機會。畢業後，他選擇進入ＩＢＭ，從一九七三年開始，擔任基層業務。

彭明盛擁有橄欖球員的性格，不畏挑戰高層、勇於嘗試，執行力高且業績卓越，因此獲拔擢為前任董事長兼ＣＥＯ埃克爾的特助，也曾外派日本市場，被視為企業內的明日之星。一九九四年，他被派赴到ＩＢＭ的全資子公司ＩＳＳＣ（集成系統解決方案公司）擔任總裁。

在ＩＳＳＣ期間，彭明盛展現強勢的一面，勇於挑戰母公司ＩＢＭ不合理的指令。他告訴員工，如果ＩＳＳＣ完全遵守ＩＢＭ那些適用於大型主機的規定與流程，將永遠不會成功。

當時，ＩＢＭ的ＣＥＯ郭士納，反而因此注意到彭明盛的表現，認為他是有機會讓ＩＢＭ改頭換面的大將，因而邀請彭明盛回ＩＢＭ，而ＩＳＳＣ後來被併入ＩＢＭ全球服務部門。

彭明盛於二〇〇〇年被任命為首席營運長（ＣＯＯ），協助郭士納重新安排管理層薪資、重整個人電腦的生產流程，甚至為ＩＢＭ的伺服器業務打造品牌，並且力推ＵＮＩＸ作業系統。

千禧年網路泡沫剛破滅，科技產業因而大受影響，但彭明盛的理念是「公司負擔不起錯失趨勢的代價，必須朝未來移動。」他堅信：全球經濟最終會找到平衡，電腦時代的科技會在雲端、整合和篩選上變得更有價值。因此，他開始尋找能提供專業諮詢服務的合作夥伴，而普華永道（PwC）諮詢部門可能就是當時最好的選擇。

其實，諮詢部門本來是會計師事務所的金雞母，然而，在二〇〇一年，美國爆發安隆（Enron）和世界通訊（World Com）等企業重大財務醜聞，暴露出上市公司的會計與證券監管的諸多缺失，美國國會遂制定沙賓法案（Sarbanes-Oxley Act），要求會計師事務所必須切割審計與顧問客戶，以利益迴避，普華永道（PwC）才必須忍痛賣掉賺錢的顧問事業。

二〇〇〇年，惠普（HP）曾試圖收購普華永道諮詢部門（PwC Consulting），但普華永道出價一百七十億美元，惠普認為價格過高而放棄了收購。二〇〇二年，普華永道再次找上惠普，但惠普並不感興趣，因為當時惠普剛完成收購康柏電腦，成長力道無虞；另一方面一旦買下一家，就無法跟其他顧問公司合作。

IBM異軍突起，不到一周，彭明盛就宣布以約三十五億美元收購普華永道諮詢部門，由羅睿蘭（Ginni Rometty）負責，寫下企管顧問業史上最大收購案。據雙邊經營團隊描述，談判過程只花了十天。

大刀闊斧 切割虧損的硬體製造

二〇〇二年，彭明盛接下郭士納留下的重擔，並於隔年接任董事長，他延續郭士納的策略，要將ＩＢＭ從硬體銷售公司轉型成「標準制定」公司。在接下來的九年，彭明盛斥資二百多億收購了二十五家專門從事挖礦、分析的軟體公司，目的就是要進入更高利潤率和創新潛力的新的獨特業務。

二〇〇五年，ＩＢＭ決定處分本期為ＩＢＭ奠定市場地位卻不賺錢的個人電腦業務。在幾經考量權衡下，為了提高ＩＢＭ在中國大陸市場的品牌知名度與市占，彭明盛將個人電腦業務賣給中國大陸品牌聯想（Lenovo），引發市場譁然。

對彭明盛而言，轉向新的、高利潤業務，意味著必須退出低利潤業務。當時ＰＣ產品日益趨同，創新空間很少，而筆電（notebook）方興未艾，智慧型手機市場進展更快，加上聯想（Lenovo）希望藉ＩＢＭ的基礎打響自有品牌名號，因而積極求親。在諸多考量下，彭明盛壯士斷腕，拒絕了戴爾電腦（ＤＥＬＬ）和私募基金的出價，決定將ＰＣ部門賣給聯想。二〇一四年，再把虧損連連的半導體業務，倒貼十五億美元賣給格羅方德半導體（GlobalFoundries），跌破市場人士眼鏡。結果不到五年，就證明這幾個決定是正確的。

不過，ＩＢＭ真正往雲端的轉型，應是在二〇一二年。這一年是ＩＢＭ成立一百零一年，也醞釀集團史上的第四次轉型，而關鍵人物就是第一位女性ＣＥＯ羅睿蘭（Ginni Rometty），於二〇一二年接班，全力轉型雲端。

羅睿蘭在科技業的成名之舉，正是二〇〇〇年時由她主導與普華永道的併購案，當時她是ＩＢＭ全球服務部門總經理。

羅睿蘭擁有西北大學計算機科學和電子工程學雙學士學位。畢業後，她在通用汽車實習了兩年。為了尋找對工作的熱情，她來到ＩＢＭ，擔任系統分析師。在與技術工作打了十年交道後，她加入了ＩＢＭ金融保險服務諮詢部門，一路成為部門總經理，負責ＩＢＭ在全球推廣金融與保險系統服務，包括市場銷售與顧問諮詢。

解決方案再思轉型 女將接棒上場

完成收購普華永道諮詢業務後，羅睿蘭火速接續著手讓普華永道的所有主管穩定人心，儘管為了讓雙方薪資結構步調一致，普華永道資深主管必須減薪近四〇％，但羅睿蘭以保證續聘及股票分紅的方式，留下了絕大多數的員工，從而建立了一支由十萬多名產業顧問和軟體技術專家組成的全球團隊。

這支勁旅能運用資訊系統幫助客戶提升業績，從此讓顧問服務成為ＩＢＭ的ＩＴ服務業務的根基所在，這也使ＩＢＭ從純粹的技術提供商，成為頂級策略諮詢公司，羅睿蘭也因此進入ＩＢＭ的接班梯隊。

當時，單純的審計和會計案子價格與契約期間，已經下降到平均二十五萬美元和三個月。因此，若能透過資訊系統改善企業營運流程與財務效率，可以提供更長期、更穩定的收入。此次收購不但加強了ＩＢＭ的產業資訊服務，也拉開了ＩＢＭ與競爭對手的距離。而普華永道將僅保留其審計、稅務和法律服務，以及一些較小的「商業諮詢」服務。

整合資訊服務 造就穩定現金流

經此一役，羅睿蘭在業內聲名鵲起，更獲得了當時的ＩＢＭ董事長兼ＣＥＯ彭明盛的關注與器重。此後，她領導並建立了位於中國大陸和印度的ＩＢＭ全球服務執行中心，在領導複雜的大型業務轉型方面，積累了豐富的專業知識與經驗。

金融海嘯期間，ＩＢＭ的硬體部門，受全球經濟衰退和企業撙節開支，營收大受衝擊，但其全球服務部門卻能提供穩定的收入。

如今不只科技產業，包括金融保險、傳產製造、零售服務業，都對即時性、跨區域性的市場資訊需求日益升高，內部也需要透過資訊系統提高營運效率，而ＩＢＭ可依據該公司所屬產業特性與需求，安裝適合的會計軟體、企業資源規畫軟體（ＥＲＰ）與高端伺服器，並將新舊系統整合。因此，ＩＢＭ的業務不但可以賣資訊系統的維修外包服務，也可以賣整體的顧問諮詢服務。

二〇一一到二〇一二年，ＩＢＭ營收和利潤屢創新高，被灌入二億頁結構化和非結構化資訊的超級電腦華生，在智力測驗節目《危險邊緣》中打敗兩位真人冠軍，更是讓ＩＢＭ的技術能力在業界大放異彩。股神巴菲特（Warren Edward Buffett）甚至宣布他放棄不投資科技股的戒律，砸下一百億美元買下ＩＢＭ公司五．五％的股份，無疑成為羅睿蘭上任ＣＥＯ的慶祝行情。

第四次轉型：轉型智慧雲端

然而，讓大象跳一曲舞，並非難事，難的是讓大象真心愛上跳舞。ＩＢＭ從一九九〇年初開始改革與轉型，在郭士納二〇〇二年卸任時，已有顯著的成果。如今，ＩＢＭ仍必須竭盡心力才能跟上潮流，但美國產業的大趨勢已經轉向，亞馬遜（Amazon）、微軟（Microsoft）、行動網路商威訊無線（Verizon）都已全面轉向雲端服務，羅睿蘭的策略顯得開創性不足；二〇一三年，ＩＢＭ被迫繳出產業領導者寶座。

過去大舉收購軟體服務公司的效果，也呈現遲滯狀態。市占率不斷下滑，一度只能退而求其次，與各軟體商合作，開發相容的系統或硬體設備。

因此，羅睿蘭上任CEO後，繼續沿用郭士納和彭明盛的策略，對利潤萎縮的業務一賣了之，像是再把低端伺服器業務賣給聯想，並收購了十幾家軟體服務商，包括Aspera（提供資料安全傳送、交換與自動化解決方案）、Cloudant（可擴充的雲端分散式資料庫）、Tealeaf（可自動從與客戶的對話訊息中檢視零售流程是否還有通點），以及虛擬伺服器服務Softlayer等。

此外，羅睿蘭每年特別編列了六十億美元的研發預算，努力將資源投入雲端運算業務和人工智慧等新技術，彌補傳統設備銷售和服務動能減弱的頹勢，但在雲端運算上，充滿創意的後起之秀後浪推前浪，例如在美國中情局雲端計算技術服務的委外招標案中，IBM就敗給亞馬遜。

二〇一三年以後，IBM經歷了長達五年的營收下滑，在羅睿蘭的努力下，終於在二〇一八年跌勢止步。同年底，IBM宣布以三百四十億美元收購全球最大的Linux開源系統（open source）公司紅帽（Red Hat），是公司創立一百零八年以來最大的收購案，也創下美國科技史前三大交易。

在二〇一九年THINK年度論壇上，羅睿蘭展示了最新的企業計算產品，並表示希望藉紅帽（Red Hat）的開源平台加速最終產品化的過程，讓IBM轉型成為全球首屈一指的混合雲端供應商。

羅睿蘭自二〇一二年上任以來，將資源投入雲端運算業務和人工智慧等新技術，彌補設備銷售和服務動能的減弱；然而，面對眾多且強勢的競爭者，羅睿蘭的轉型仍是力有未殆，至今營收成長未如預期，營運轉型計畫仍備受市場質疑。羅睿蘭在二〇二〇年二月遭到撤換，二〇二〇年四月卸任。雲端運算暨認知軟體部門資深主管克利希納（Arvind Krishna），接替羅睿蘭擔任執行長一職。

啟示：THINK！

單次轉型成功僅能避免覆亡，連續轉型才能永續長青。IBM從計算機、個人電腦生產製造，甚至跨足到筆記型電腦和被動元件，如今以軟體服務成為科技公司主要的獲利動能，老大哥的第四次轉型也將進入下半場，極欲升級成為能為機構公司提供整合性解決方案（total solution）的技術顧問公司。一百零九歲的藍色巨人未來將用什麼樣的策略斷捨離製造思維，值得持續關注。

IBM之所以能被業界尊稱為藍色巨人，關鍵在於其根植於企業文化的THINK理念——提出者老華生雖然不直接具體條列式說明他心目中的THINK究竟是什麼，卻能讓該企業尊重員工、重視研發的傳統延續至今。時至今日，每一位IBM的領導人都是洞燭機先的當代專業經理人典範，如何讓IBM在新時代中成為屹立不搖的擎天巨人，在在考驗他們的智慧。

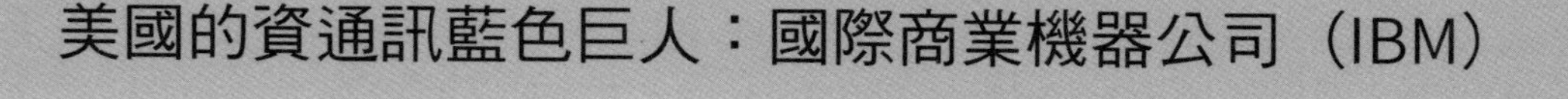
美國的資通訊藍色巨人：國際商業機器公司（IBM）

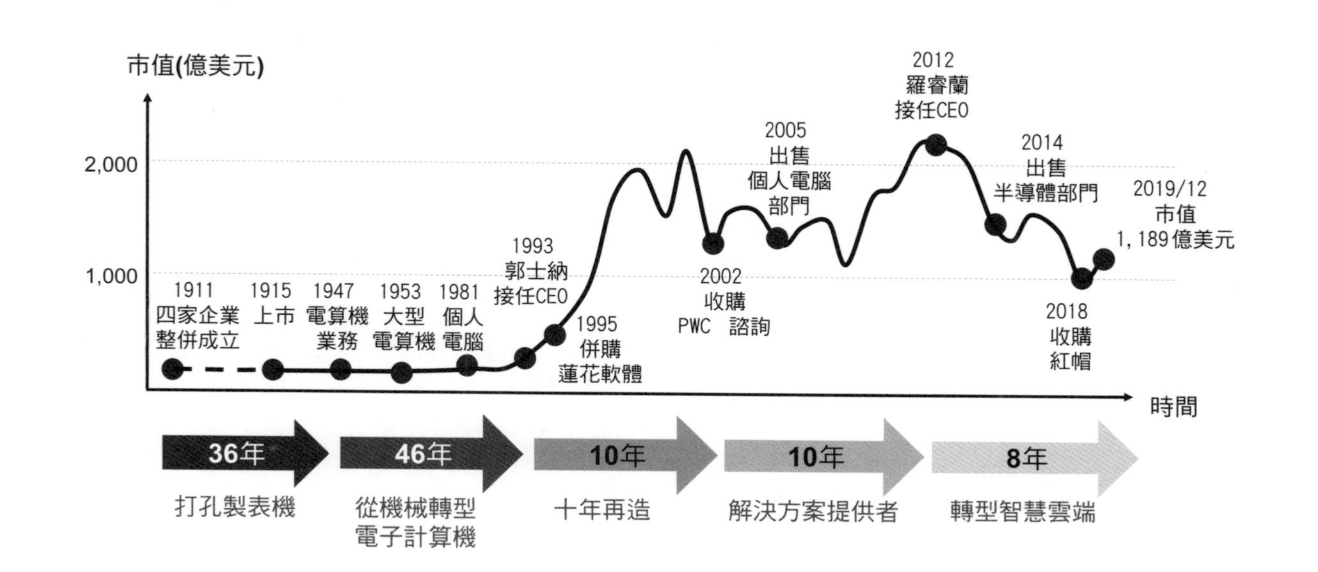
市值(億美元)
2,000
1,000
1911
四家企業
整併成立
1915
上市
1947
電算機
業務
1953
大型
電算機
1981
個人
電腦
1993
郭士納
接任CEO
1995
併購
蓮花軟體
2002
收購
PWC 諮詢
2005
出售
個人電腦
部門
2012
羅睿蘭
接任CEO
2014
出售
半導體部門
2018
收購
紅帽
2019/12
市值
1,189億美元
時間
36年
打孔製表機
46年
從機械轉型
電子計算機
10年
十年再造
10年
解決方案提供者
8年
轉型智慧雲端

Notes

參考文獻及延伸閱讀： 1.IBM 官 網 /2.Thomas J. Watson, (2000), Father, Son & Co.: My Life at IBM and Beyond/3.Louis V. Gerstner, (2003), Who Says Elephants Can't Dance?/4.James W. Cortada, (2019), IBM: The Rise and Fall and Reinvention of a Global Icon/5. 李連利 (2011)，IBM 百年評傳：大象的華爾茲 /6. 彭劍鋒 (2013)，IBM：變革之舞 /7. 蔡鴻青、企業發展研究中心 (2013)，藍色巨人的起與落 -IBM 能否再展霸主雄風。董事會評論，第四期，12-17/8. 蔡鴻青 (2019)，藍色巨人戴紅帽的台灣啟示。財訊雙週刊，586 期。

第 4 部 台灣企業離百年有多遠？

台灣經濟自二戰後快速發展，七十年來從工業島躍進為科技島。今天這個小島上，來自世界各地的二千三百萬人，基本上是一個新舊華人與東西綜合性文化的大熔爐。一方面，保存傳統儒家文化，另一方面，早期即與西方文化政治接軌，成為華人社會民主政治的先鋒，同時也因為特殊的歷史淵源與地理位置，形成今天全球化供應鏈群聚型的中小企業經濟體。

邁向二十一世紀的第三個十年，在地緣政治尖銳化的中美貿易戰下，所導致的經濟動盪，以及兩岸關係惡化所帶來的政治不確定性，大幅提升了台灣企業的經營風險，也為台灣企業轉型升級帶來新的挑戰，更讓許多優質企業邁向百年門檻的難度增添變數。

展望未來，台灣是否能誕生世界級的百年企業？今天的新創公司、中小企業、大型上市櫃公司，若以百年企業為標竿，又該採取何種策略、該如何準備與布局？

站在十字路口上的 策略轉折點

首先，讓我們先以台灣二〇一九年底上市櫃公司的數據，來看看台灣整體企業的概況。

台灣有二千三百萬人，GDP約為五千八百億美元，約有一千七百家上市櫃企業，總市值約為一．三兆美元。台灣資本市場（含上市及上櫃）在國際十九個交易所中，被定位是區域中型規模的市場。

過去十五年來，台灣資本市場發展快速，上市櫃總家數從二〇〇五年的一千一百九十四家發展到二〇一九年底的一千七百一十七家，總市值從〇．五兆美元增長到一．三兆美元，外資持股比從三〇%增長到四一%，亞洲公司治理排名也晉身第五名。

這個數字隨著台股在二〇二〇年屢創新高，也寫下新的歷史紀錄。截至我寫這篇文章的二〇二〇年十月，台股總市值已經高達一．四兆美元。

然而，從規模來看，台灣企業兩極化發展的現象極為嚴重。大型企業（市值超過五十億美元）家數僅占〇．七%，平均規模約七十億美元，大者恆大趨勢明顯。值得正視的是：這〇．七%大型企業市值的總和，是占有九〇%的中小型企業（市值小於五億美元）總市值的一百八十倍大！其中，光是台積電一家公司的市值，就超過了台股二二%，這個大小嚴重傾斜的現象，凸顯出台股陷入「一個人武林的困境」，短期間內應該

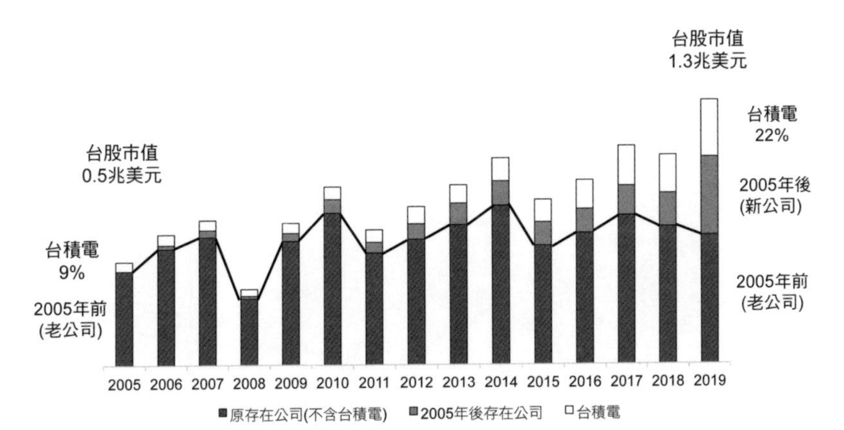

台股 15 年市值變化

不會改變。

根據《二〇二〇台灣董事會白皮書》的研究，若以二〇〇五年明晟MSCI正式調高台灣市場權重為分水嶺，市值最大的台積電，從占二〇〇五年總市值的九%，提高到二〇一九年的二二%，成長驚人。但，台股拿掉台積電後，二〇〇五年前上市的企業實際市值複合成長率（CAGR）只有二%。

若我們進一步分析，其中，後起之秀（二〇〇五年後上市的七百四十一家企業）目前占總市值三〇%；而二〇〇五年前上市的九百七十六家公司則快速衰退，合計僅占四九%，可見台灣上市櫃企業正出現衰退老化，整體成長動能的潛在威脅不容輕忽。

目前台灣產業在行業分布上，以科技加工及傳統製造業為主，出口加工製造為大宗，占了約八成。整體而言，企業的商業模式多為代工製造，以B2B（business-to-business）供應鏈中下游為主，定價能力較弱、偏重營收增長、利潤率低、成長力不足，也就是說，傳統商業模式如今面臨嚴重考驗。

除了企業自身「內部成長」動能低落，企業的「外部成長」也大幅衰退。這可以從市場重大併購交易動能衰退看出來，交易總金額從二〇〇五年一百七十六億，衰退到二〇一九年八十六億，交易案件則從二百一十四件，降到一百零八件。

高殖利率是糖衣 包裹的是未來危機

造成企業成長動能受限的原因很多，例如長年配發高股息，可能是其中原因之一。台灣企業普遍保守經營，高達七成家族企業的持股相當集中，因為公眾股東少，容易迎合市場偏好及大股東家族需求，偏向於配發高配息。這使得台股上市櫃公司平均殖利率高達三．七%，股息配發率更高達五三%，吸引投資人大舉鎖定高殖利率股。

殊不知，高殖利率是個糖衣，包裹的是未來的危機——企業不再持續尋找投資機會，投資未來，反而大額配息給股東，助長落袋為安的短視心態。企業資金長期不再投入於企業的未來發展，造成企業的創新及成長動能不足，令人憂心。

其次，由於資金成本低，近年來熱錢氾濫，使得股價一百元以上的高價小型股當道，從二○○五年的四十九家，到二○一九年的一百九十家，但是他們大部分沒辦法藉由發行資本工具，來提升投資發展的實力，也沒辦法引進市場資金動能，將高股價轉換成自身企業的成長動能，至為可惜。

另外，企業規模與競爭力，某個程度也限制了台灣企業向外發展的實力。

少數大型股創天價 小型股淪為殭屍股

從資本市場面來看，以中小型股及家族股東為主、市值規模小的台灣產業，普遍出現兩大問題，一是流動性差，二是國際能見度低。

根據《二〇二〇台灣董事會白皮書》的調查，台灣上市櫃公司的年度虧損家數，從二〇一四年的二百九十四家，到二〇一九年已激增到三百八十二家，而日均成交不到一百張的股票家數，五年內也從一百六十八家增加到四百四十八家。最明顯的例子是二〇二〇年七月下旬，台灣加權股價指數創下三十年新高時，外資交易只集中在少數大型股，台積電、聯發科等市值創天價，同時卻有近八成個股沒有漲，且四分之一以上淪為殭屍股。這種「賠錢殭屍股」（處於虧損狀態）及「冷凍殭屍股」（股票乏人問津）的極端現象，凸顯了資本市場流動性差的嚴重問題，讓企業上市籌資的意義盡失，更不利未來的籌資活動。

雪上加霜的是，近年《歐盟金融工具市場指導》（*Markets in Financial Instruments Directive*，MiFID II）於二〇一八年正式生效，要求投資銀行業者對每項服務收費，包括企業研究報告。這使得外資投資機構只願把錢花在刀口上，其賴以為交易基礎的研究報告，已經從五百七十七份（二〇一四年），大減七成到只剩一百六十二份（二〇一九年），且持續減少中，並更加關注於大型企業，眾多中小型企業的外資能見度因而更為降低。

與此同時，散戶市場占比迄今少於六成，法人資本是今日市場主力，尤其是外資法人交易量已經占四一％！但是，企業主迄今並沒有體認到市場資本形成改變，若需要市場能見度，需要積極主動溝通。對於股價活絡，需要有價量關係，沒有交易量，就沒有交易價。股東溝通的主從易位，是二〇二〇年資本端的重大改變。

另一個問題是，本土散戶及本土法人雖仍是資本市場主力，但操作目的主要在追求短期周轉套利，而不是支持企業的長期發展，從台股成交量的當沖占比高達交易量三成可以看得很清楚。短線當沖雖然熱絡交易，但是也反映了投資人對於企業長期績效缺乏耐心。

台灣證券化（上市櫃企業總市值／GDP）比率，截至二〇二〇年八月已經高達二．二倍！當證券市值遠超過經濟產出，代表著過多的熱錢並沒有導向實業投資，反而充斥在短期交易市場，將台股變成一個大賭場。倘若投資人只看眼前，不看未來，只追求短期配息，不崇尚企業為未來做長期投資，台股和台灣企業也將因而逐漸流失國際競爭力。

進入三代　家族企業邁向共治經營

在喜歡創業打拚的社會氛圍下，台灣經濟發展早期的創業潮，經歷五十年的發展後，不意外的，今天家族企業仍是台灣企業經濟的主力。

華人家族企業向來有「富不過三代」的焦慮，事實上，台灣本身的經濟發展也開始遇到富不過三代的挑戰。以中小型企業為主的總體經濟面臨發展瓶頸，經濟放緩停滯。台灣企業在島型經濟的結構下發展全球化競爭力，卻遭遇企業規模不足、自身資源不足、全球競爭力不足的問題慢慢浮現。台灣經濟與企業，目前已經站在發展轉型十字路口上的策略轉折點。

從總體經濟角度觀察，台灣因人口老化陷入負成長，加上淺碟式的經濟，早期小而美的「創業潮」，今天已經轉變為大型集團企業掛帥的「集團潮」，整體產業的成長曲線漸漸鈍化，普遍面臨體質弱化、結構老化的威脅。自二〇二〇年初以來，百年罕見的重大疫情，更大幅衝擊台灣出口加工的全球供應鏈模式。台灣企業的內外挑戰愈來愈大，策略方向與思考格局也愈加關鍵。

台灣目前過半上市櫃企業都已成立超過三十年，世代交替成為台灣企業邁向百年的最大挑戰。到二〇二〇年，企業平均年齡約三十三年，市值前一百大上市櫃企業董事長平均年齡約為六十七歲，在兩岸三地中已算最高齡，同時也伴隨企業老化及弱化的現象。

過去，華人企業家往往出於敬老尊賢、隱惡揚善的特性，加上經驗不足，以致接班問題無法盡早解決，終至顯露衰敗頹象之際，已經為時已晚。往往到了逼近交班臨界點，家族企業才普遍被迫開始思考企業存在的價值，以及永續經營的傳承議題，以求化解華人企業「富不過三代」的魔咒。

今天，許多台灣家族企業已經由第三代接班，家族股東股權愈來愈分散，往往造成股權紛爭——家族掌門人需要持續投資，保持競爭力；但，家族股東希望現金收息入袋。因此，容易意見不合，且人眾權分，不易形成重大決策。

再加上，許多家族也陷於兩難：一方面，他們不樂意見到股權稀釋以致大權旁落；但另一方面，不釋出股權又難以吸收新資本以支持企業長期發展。尤其是，許多中小企業家族成員意見不一，往往讓企業陷入經營瓶頸。

還有，配發給家族股東的高額股利，接下來該如何規畫？這是個不可忽略的課題。如何安排巨額財富，才能讓家族資產保值，讓家族事業能再投資與開創新事業，另創一波成長曲線，才不致讓家族財富隨著「一代拳王」的命運而曇花一現？

財富累積而缺乏專業輔助的家族股東常各行其是，依個人興趣投資，而非報酬投資，既缺乏經濟規模，也讓企業掌門人難以聚焦企業經營，最終造成「強股東、弱企業」的特殊現象——家族財富氾濫，但是企業規模不足，且競爭力逐漸下降的隱憂。

因為家族股權的單一性，導致董事會成員單一，董事會的封建運作，效能低落、董總兼任問題嚴重、董事及獨立董事運作不彰，以及早年缺乏家族治理的家族企業股權分散，面臨股東爭議

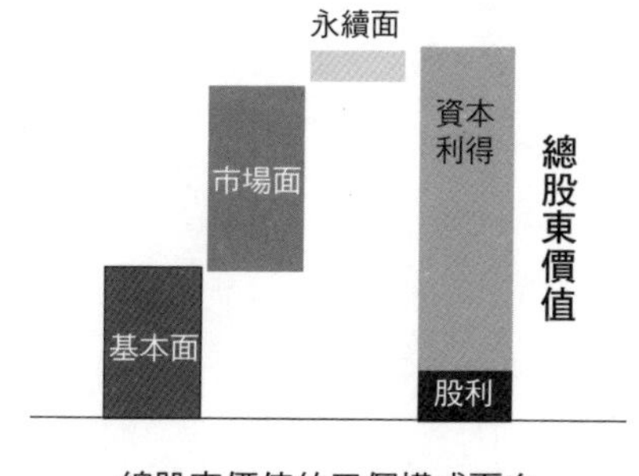

總股東價值的三個構成面向

及代理權之爭，導致企業原地躊躇不前。

所幸，近年來隨著專業經理人興起，台灣的家族企業占比，從二〇一二年約七五%，逐年降到目前的七〇%左右，出現頗為明顯的「去家族化」現象，也開始標誌著台灣從「家族年代」進入「共治年代」的階段。

台灣家族企業已經開始進入大股東與專業經理人共存共榮的共治年代，只是心態與體制還沒有跟上。從決定要改變家族經營模式，轉向「共治經營模式」，最終成為公眾股東之「專業經營模式」，或者仍然保持家族股東主導的「家族經營模式」，都是策略選擇後的結果，更是掌門人需要思考的重大決策。

從非科技業到科技業 立足台灣開拓全球

以百年企業的「企業規模」發展歷程來看，目前大部分台灣企業的規模，仍處於第一階段——「小型優質企業」階段，但是因為加工出口導向的緣故，國際化早，很早便進入區域市場或國際分工生產。

少部分中大型企業則開始進入第二階段——「中型標竿企業」行列，這些企業經營有成，立足於台灣，從事國際化生產，且進入區域化多市場發展，但目前仍未臻開拓全球市場之大型跨國企業行列。

以百年企業的「所有權」發展歷程來對照，台灣非科技業（non-Tech）及科技業（Tech）則展現了截然不同的所有權結構與問題。

以非科技業而言，多為傳統工業行業及消費品行業，其所有權與管理權多半仍合而為一，所有權與管理權沒有分離，事業多仍由家族成員管理，如今雖部分交棒給專業經理人，但整體來看，仍由創業家個人決策為主，經驗架構制度尚不完整，機構化治理程度低，治理能力可能不足，極需整頓。也因為所有權集中，傳承接班容易指定，目前開始從第一個階段（家族控股）邁入第二個階段（共治年代）。

至於科技業，因為所有權在創始階段就很分散，所以通常直接進入第三階段（專業治理）。但，問題在於很多科技公司如今開始面臨商業模式老化的轉型挑戰，反而因為沒有大股東催促的壓力，在接班安排上出現另一種遲滯現象。然而，這些都是結構性問題，可能需要進入另一個所有權整併階段，才有能力轉型升級。

從十項修練 看台灣企業痛點與挑戰

若以百年企業的十項修練，來體檢一下台灣企業目前的問題，我們可以清晰地看出台灣企業的挑戰，以及台灣企業未來應該發展的脈絡。

（一）核心

台灣企業多採製造加工的商業模式，喜歡加工組裝製造，追求營收增長思維，沒有核心競爭力，只有賣產品堆積業績的概念。

台灣基礎材料行業不夠扎實，加上國內內需市場規模不足，因此企業偏向於供應鏈中段的加工製造，產品多被客戶指定，成為單一產品產能模式，最終被自己的商業模式綁架，不知延伸核心競爭力、多元化應用的概念。

又因為行業聚落（Cluster）特性，不容易單一大型化跨國發展，不容易往上下游發展得罪客戶，規模不大，走出去困難，變成國際化出口生產有足，跨國落地發展不足的窘境，走不出這個賽局困境。

（二）轉型

台灣企業家因為面子問題，常常對於旗下資產與業務，只有加法，沒有減法，放不掉又臭又長的舊裹腳布，而且因為規模小，資本胃口有限，不敢嘗試新模式。常常分不清楚「本業」與「核心」的差異。沒有趁時局好，前瞻布局投資新領域，面對新事業的前期虧損，最終在新事業與舊本業兩者間裹足不前，糾結在本業還是核心問題中。

而且，以信任為主的企業文化，周邊多年圍繞老臣，不易有新觀念；加上，企業沒有向外思考的能力，鮮少因為經營環境改變，而去主動檢視經營假設，重新定義核心再出發，企業逐漸老化。老的經營模式很難數位轉型，家族股權分散沒有單一大股東支持下，很難跨足投資新領域。

（三）董事會

台灣企業多在家族治理的年代，董事會只用身邊人，用人只憑信任、不憑能力，只用自己人、不用外人，或者不知如何用外人，不知如何利用董事會內不同董事力量與資源來成長，董事會成為封建一言堂，變成蓋橡皮圖章的形式主義。

面臨轉型及接班問題，形式主義的董事會很難果斷拍板重大決策，面對困難的轉型議題或重大交易常常落於議而不決，不了了之。對於接班權力移轉的敏感議題，通常都是迴避或者一再拖延，變成效能低落的董事會。

（四）股東價值

家族企業眾，世代發展後，家族股權分散，結構鬆散，意見分歧，需要內部凝聚形成主導力量，果斷進行控股架構重組，邀約優質股東，才能支持下一個世代成長。

台灣家族企業多，市場的高證券化及行業特性，讓台灣企業長年習慣高配息，非執行股東期待高殖利率，但執行股東需要投資未來提升競爭力，不需過度取悅股東，應更進一步降低股利配發，投資公司未來，摸索未來策略方向，提升企業價值。

同時，全球資本市場近年巨變，外資法人已經成為四一%的重要股東，大部分企業家面對被動投資的崛起，不知永續面的重要性，不清楚流動性對於股價的影響，也不瞭解主動溝通的重要性，將公司價值轉換為股東價值。

（五）重大交易

台灣企業規模小，外部股東少，常常只重視自身有機發展，不知靈活運用多元外部發展工具，沒有宏觀規畫，不太關注外部市場交易機會及市場高低脈動週期。

限於規模，一般沒有建立策略發展部門（corporate functions），缺乏長期發展向外考察機會，無法為企業發展下一個階段做準備，只參考身邊友人免費意見。不知道果斷抓住機會，強力出擊。不會善用專業團隊及外部專家，常常省小錢，而不知道漏掉了大機會。

（六）活力成長

台灣企業一般不清楚「成長」與「增長」的不同。一直追求在現有領域的本業營收及市占率的「增長」，不知道追求核心競爭力延伸在新領域的應用發展「成長」，不知道長期投入研發及新領域的重要性，因不敢犯錯，常常只著重在製程工藝上的精進。

不知道如何維持企業活力，不知道強迫換血汰換的關鍵性，沒有團隊接班梯次的概念，不知道人才的重要性。不知酬庸績效的好處，只重視省錢，不知沒有分享，就不會有雙贏的機會。

（七）品牌

台灣企業在一個小市場，因為市場規模太小，島國思維及小企業規模很難打造出國際大品牌，長期無報酬的定額預算投入來打造品牌，更是台灣企業家的短視。

台灣企業多是供應鏈中段，多是B2B的模式，多是製造業模式，常因為不想得罪客戶而裹足不前。品牌經營一直是台灣企業的弱項。

（八）機構化

台灣企業家在儒家文化的薰陶下，社會環境以情理法的人際關係為主，在進行規模化發展進程中，反倒很難執行機構化經營。企業家自己建立的制度與程序，自己卻常常成為破壞制度的人；且因為權力欲望不放權，沒有安全感或需要刷存在感，變成機構化的絆腳石。

文化背景不同，東方與西方的管理授權也不同，常常口中說著是西方的授權，但心裡還是想著東方的獨裁掌權。

（九）企業家

缺乏宏觀的整體操盤策略，缺乏獨立判斷看法（view），常常變成跟風流行。多為短視商人，用短線思維。企業家，應有長線策略前瞻布局。

只看營收加總，缺乏策略概念與績效數字的科學化管理，權力欲望強不願放手授權，對於社會公益與地方回饋（CSR）不熱中。

（十）危機處理

台灣企業對於危機，常常抱著僥倖心態，對於危機防止沒有前瞻部署，沒有建立處理機制，只能土法煉鋼而不採用專業協助。沒有國際觀，常常在事件的大波段隨波逐流，而不知預防或控制損害。

中堅冠軍企業　台灣的明日之星

雖然台灣企業面臨老化及弱化諸多的問題，然而仍有一群有機會、有希望接力的「中堅冠軍企業」，在過去十五年展現了快速的成長，有韌性及潛力，年年獲利、年年成長！

這群中堅冠軍企業大部分都有扎實的所有權基礎，多仍在家族控股年代的階段，各個行業分布均勻，顯示是因為個別企業內在實力表現，而不是因為特殊國家政策獎勵，或者行業政策帶動使然。

主要都是中型規模企業，掌門人展現出相對清楚的遠景，有格局、有魄力，且幾乎都是行業龍頭或是項目龍頭，股東權益報酬率高，現金流強，有較高的利潤率，行業地位佳，有核心競爭力，有專業的董事會運作，有被信任的企業品牌與形象，以及最重要的——有企圖心的企業領導人和核心團隊。

雖然各家表現程度不一，基本上，這些企業或多或少都展現出百年企業十項修練的基本特徵。我個人認為，他們是最有機會永續長青，接力下一棒台灣經濟成長的中堅冠軍企業。

如今，唯有靠這些中堅冠軍企業，才有機會讓台灣整體脫離台積電獨大的一個人武林困境。百年後看台灣企業的樣貌，必然不會只有一棵神木，而是一整座樹林，這些中堅企業有機會成為大樹，他們是台灣的明日之星。

然而，這群企業仍是中型規模企業，規模及能力尚且不足，為了避免揠苗助長，轉骨大人，需要一個適合的「中型企業指數」，來引導進行三個面向的整合性修練，而非採用大型股適用的國際指數，並配合各個企業的狀況及速度不一，待成熟後再擇時進入國際指數，打進世界盃，成為台灣成長的另一波基石企業。這有賴綜合性的修練與標竿學習。

最後，從具前瞻性的「永續面」來看。由於金融科技（FinTech）的應用，讓指數型基金（ETF）商品快速崛起，更低的手續費，以及簡單的交易方式，吸引巨額資金。二〇〇九年美股基金中，主動與被動基金的比率約為三：一，此差距自二〇一二年開始顯著縮小，二〇一九年美國股市被動型共同基金與ETF的資產總額（四．二七兆美元），在二〇一九年八月首次超過主動型股市基金（四．二五兆美元），被動投資快速成為主流！然而，大家不知道的是，具備ESG要件是ETF的必要元素！因應這樣的結構性變化，企業為了提升國際能見度，不只股東溝通的方式必須徹底改變，更要讓外資重視的永續ESG的相關要求，從「可以具備」變成「必要具備」的投資條件。

由於台灣的加工型企業不可避免地會對環境不友善，但受限於家族企業的特性，及中小企業規模不足的問題，社會責任（CSR）通常不是家族企業的最優先議題。幸而，台灣主管機關近年已積極整合設立公司治理中心，成果相當顯著，董事會運作也開始邁向機構化及功能健全化，台灣企業已開始從家族企業的人治階段，進入公司治理的法治階段。

標竿學習 跨越鴻溝達永續長青

綜合以上的觀察，若要再問，台灣企業距離百年企業還有多遠呢？以台灣資本市場發展了五十年，剛好是百年的一半。以企業經營規模來說，雖然早已進入全球化經營，也進入了百年企業的第二階段共治年代，但以所有權組成來說，目前還在百年家族的第一個家族年代階段，台灣企業可以說是「規模上的成人，卻是心態上的幼兒」，仍需要摸索自身的成長道路。

台灣企業如何從製造業的舊經濟，數位轉型新經濟？面對轉型成長挑戰，台灣企業需要在所有權、控制權及管理權三個層面努力，基本面、市場面、永續面三個面向的十項綜合修練，訂定策略，攻守俱佳。

在「所有權」層面，穩定及鞏固所有權基礎，妥善處理家族治理，獲取股東支持，並主動與投資人溝通，提升長期股東價值。

在「控制權」層面，在接班傳承中升級董事會功能，成為高效的行動型董事會，形成共識拍板重大決策，重視績效而不僅是注重營收，決策推動重大交易，多元成長，而非扮演橡皮圖章的防守型董事會。

在「管理權」層面，從供應鏈模式延伸到不同商業模式，知道如何在本業中取捨，重新檢視核心競爭力，在舊事業中找出新商機，打造品牌形象，機構化制度運作而非人治，活化企業體質。

「攻」的層面，需要重新思考核心競爭力的延伸，成長策略的擬定。檢視商業模式，推動重大交易，重新找回成長新動能。「守」的層面，需要重新安排股權結構，防範股權攻防戰，以達高效董事會運作，去蕪存菁將業務整合找出價值點。

對於中小規模的台灣企業來說，目前最重要的是「標竿學習」（Learn from Benchmarking）。從中小型成長到大型企業，從創業家族成長到公眾治理，台灣還有很長的道路要走。不論是在轉型成長或者傳承接班，都需要有正確的學習對象，不只學習策略轉折點的決策力，也要學習董事會的架構與決策模式，更要學習世代交替的智慧，和家族財富與經驗傳承的布局。找到對的標竿前輩企業，設定階段成長目標，倒果為因，在基本面、市場面及永續面進行綜合性十項修練，才能有願景性的成長。

回顧我寫本書的初衷，是希望我們可以「東船借西風」，借鑑西方成長經驗，參考歐美百年企業前例，考慮華人特色及自身客觀背景條件，借力成長，成為企業永續的新解方。希望企業掌門人讀完這本書後，可以瞭解企業的成長脈絡，能夠利用董事會框架進行個案分析，重新思考百年企業的策略轉折點，達成企業十項修練，從中思考重大決策，提升長期股東價值，達到企業的永續長青。

後記—在策略轉折點上，撰寫未來歷史

行筆至此，終於鬆一口氣，我得說，出版這本書是一個吃力的過程。

這是我的第一本書，除了我繁重的本職工作外，所剩時間進行長期的個案研究已經很吃緊，再重新整理其中的經典個案出版，倍增壓力。我本身對於出版程序並不熟悉，也不瞭解大眾的口味，期間受出版社專業意見的啟發，陸續新增了小部分章節內容，尤其是對於台灣企業專章。新增的內容完成時間，與先前邀請長輩及好友們撰寫推薦序的時間相隔甚遠，對於這個部分，我要對我的長輩、好友們與讀者致歉。至此才發現，出書跟企業發展的過程一樣，是一個不可預期的發展過程，而不是一個靜態的控制點。

本書出版的同時，正值百年難見的重大事件——新冠肺炎疫情蔓延全世界，各國疫情狀況不同，且邊境封鎖，讓全球經濟與市場天翻地覆，但也因為救援措施與量化寬鬆手段，讓全球股市暴漲，台股指數達到三十年新高，證券化比例達到最高，游資充斥，也讓書的資料更新更為困難，導致出稿時間一再順延。近年來，中美貿易戰加劇，讓兩岸關係降到冰點。疫情發展中的局勢詭譎不定，過去的經驗是否仍適用於未來，不易佐證參考，只能摸索過河。

然而，一如百年企業過往面對的重大事件一樣，這次百年一見的事件也終將過去，雖然每個重大事件類型不盡相同，但挑戰都一樣嚴峻。這不是第一次，也不會是最後一次，企業家現在面臨策略轉折點的選擇與作為，就是後人看百年企業的成果與歷史，我們「正在策略轉折點上，撰寫未來的歷史」。

回顧我的初衷，只是希望將世界百年企業精采的發展歷程，分享給更多好友，希望他們進行頭腦體操。每個人對重大事件的感悟不同，但都能順勢而為，做出選擇與決策，安度策略轉折點。

企業家終其一生在追求什麼？有人說是權力欲望，有人說是歷史定位，有人說是賺錢致富，有人說活在當下隨遇而安、不用思考永續；而我認為身為一位企業家最大的責任應是安人理事，亟思未來，把企業治理好，並且傳承給下一棒（未必是自己後代）妥善經營，除了公司獲利之外，還要照料員工家庭，對社會周遭有所回饋，這才是企業家最重要的責任。

永續長青不是追求長命百歲、苟延殘喘，而是一種正向循環，追求可以持續的包容性成長，將活力置入於企業基因內，方得以永續長青。

對於本書若說有遺憾，就是篇幅有限，只能蜻蜓點水式地分享部分經典個案的策略轉折點，無法完整呈現我的所有研究，沒辦法針對個案重大交易的細節進行深入分析與點評，也還沒有對華人目前最需要解決的家族治理進行系統性的整理。

實用的著作不是空談，而是可以成為具操作性的實務引導，是可以讓討論變成結論，讓結論變成結果，這也是我撰寫本書的起心動念。

這本書，是群體合作的成果。感謝多年來無數研究前輩，所累積下來的豐富資料。感謝出版社提供專業意見，讓本書增加了與台灣企業的連結。感謝台灣董事學會的眾多好友們，真心地提供反饋與支持，讓本書內容更為精實。也謝謝個案班團隊的長期研究，提供了重要的基礎素材。

我心裡最感到虧欠的，是陪伴我三十多年的家人。他們是我生活的動力，犧牲了跟他們相處的無數時光，才有今天這本書的誕生。

最後，謹將本書獻給我逝去的雙親與妹妹，他們是我的精神支柱，支持我一路堅持走來，得以從現在總結過去，在此時眺望未來。

國家圖書館出版品預行編目（CIP）資料

百年企業策略轉折點：活下去的10個關鍵＝Strategic turning points / 蔡鴻青著. -- 初版. -- [臺北市]：早安財經文化, 2020.11
面； 公分. --（早安財經講堂；93）

ISBN 978-986-99329-0-5(平裝)

1. 企業經營 2. 大型企業 3. 個案研究

494　　109016207

早安財經講堂 093

百年企業策略轉折點
活下去的10個關鍵
STRATEGIC TURNING POINTS

作　　者：蔡鴻青
責任編輯：李秋絨
封面設計：Bert.design
行銷企畫：楊佩珍、游荏涵

發 行 人：沈雲驄
發行人特助：戴志靜、黃靜怡
出版發行：早安財經文化有限公司
電話：(02) 2368-6840　傳真：(02) 2368-7115
早安財經網站：www.goodmorningnet.com
早安財經粉絲專頁：http://www.facebook.com/gmpress

郵撥帳號：19708033　戶名：早安財經文化有限公司
讀者服務專線：(02)2368-6840　服務時間：週一至週五 10:00~18:00
24 小時傳真服務：(02)2368-7115
讀者服務信箱：service@morningnet.com.tw

總 經 銷：大和書報圖書股份有限公司
電話：(02)8990-2588
製版印刷：漾格科技股份有限公司
初版 1 刷：2020 年 11 月

定　　價：500 元
I S B N：978-986-99329-0-5（平裝）